心理困境

南林◎编

团结出版社

图书在版编目（C I P）数据

心理困境 / 南林编 . -- 北京 : 团结出版社 , 2025.
9. -- ISBN 978-7-5234-1836-9

Ⅰ . B84-49

中国国家版本馆 CIP 数据核字第 2025K07X19 号

责任编辑：夏明亮
封面设计：末末美书

出　版：团结出版社
（北京市东城区东皇城根南街 84 号 邮编：100006）
电　话：（010）65228880 65244790
网　址：http://www.tjpress.com
E-mail：zb65244790@vip.163.com
经　销：全国新华书店
印　装：河北晔盛亚印刷有限公司

开　本：155mm × 220mm　16 开
印　张：10　字　数：120 千字
版　次：2025 年 9 月 第 1 版　印　次：2025 年 9 月 第 1 次印刷

书　号：978-7-5234-1836-9
定　价：58.00 元

目录

第一篇 焦虑心理学

第一章 | 读懂焦虑：平静表象下的心理风暴

焦虑是身体发出的求救信号 002
焦虑的来源与对策 005
焦虑症的认知误区 008
焦虑症的成因 013
焦虑症的类型 016

第二章 | 破解焦虑：从认知走向自救

焦虑时大脑在想什么？ 022
终结灾难化想象的方法 024
焦虑自救指南 028

第三章 | 认识广泛性焦虑症：持续地担心怎么办？

广泛性焦虑症的表现 034
广泛性焦虑症的成因 036
广泛性焦虑症的对策 038

第二篇 社交恐惧症

第一章 | 识别社交恐惧症：挣脱内向的心理困扰

内向、害羞与社交恐惧症 044
社交恐惧症的表现 047
社交恐惧症的类型 049

第二章 | 社交恐惧症的躯体化表现：尴尬背后的生理信号

脸红恐惧：发热的脸颊像在“报警” 054
眼神闪躲：当对视变成煎熬 056
异性接触恐惧：不只是害羞那么简单 059

第三章 | 迈向从容社交：认知行为策略与自我重塑

停止胡思乱想 066
撕掉社恐面具，拥抱真实的自我 068
挣脱自卑枷锁，开启自信的社交 070
重塑心智，跨越社交恐惧 072

第三篇 自我重建心理学

第一章 | 自卑的蜕变之旅：从“我不配”到“我值得”
剖析心灵阴影的本质 078
重塑自我价值的旅程 081
实现自我和解的蜕变 085
修正内部语言的指南 089
让自卑推动自我成长 093

第二章 | 高敏感特质的潜能解锁：从脆弱感到敏锐力
高敏感特质不是病 098
高敏感特质的感知潜能 101
高敏感特质助力自我升级 104
高敏感人群的自我调节 107
高敏感人群的自我重塑 109

第三章 | 讨好模式的改写密钥：从自动取悦到自我守护
认识讨好型人格 114
讨好型人格的形成根源 117
讨好型人格的自我觉察 120
讨好型人格的自我重塑 123
讨好型人格的自我实现 126

第四章 | 焦虑型依恋的成长新生：从情感不安到安全联结
焦虑型依恋的核心特征 132
感情中缺乏安全感的原因 135
焦虑型依恋者的行为模式 137

第五章 | 精神自由的重构之路：从外界枷锁到内在宇宙
去他者化：构建自足的精神宇宙 142
心态换挡：从被动承受者到人生舵手 145
跨越创伤：从和解到新生 147
回归真我：点亮抗抑郁的精神灯塔 151

第一篇
焦虑心理学

第一章

读懂焦虑：
平静表象下的心理风暴

在高度文明的今天，焦虑似乎“进化”得过于灵敏。它化作对工作失误的恐惧、对人际关系的纠结，甚至是对自我价值的怀疑。我们不禁困惑：为何这本应保护我们的生存本能，反而成了困住心灵的枷锁？

焦虑是身体发出的求救信号

焦虑的核心在于，人们对生活中那些不确定的事情和可能出现的风险总忍不住胡思乱想，而且往往想得过于夸张，远超实际情况。生活压力、社会竞争、人际关系等现实因素，就像是焦虑的“催化剂”。当人们面对这些事情时，没有太好的解决办法，焦虑反应便极易被触发。

“未经审视的生活是不值得过的。”苏格拉底的这句话提醒我们关注内心，因为焦虑往往源于对自我价值和社会标准的过度追求。

当今社会，焦虑已成为一种普遍存在的心理现象。它像一个无形的影子，伴随在我们生活的各个阶段。那么，究竟什么是焦虑呢?

焦虑是一种复杂的情绪状态，通常表现为对未来事件的担忧、紧张和不安。当人们面临潜在的威胁或不确定性时，便会产生焦虑情绪。这种情绪状态可能是短暂的，也可能是长期的，其强度因人而异。适度的焦虑有助于提高我们的警觉性和应对能力，但过度的焦虑则会对我们的身心健康产生负面影响。

从心理学角度来看，焦虑是个体对即将来临的、可能会造成危险或威胁的情境所产生的紧张、不安、忧虑、烦恼等的复杂情绪状态。焦虑就像情绪反应的“警报器”，在正常情况下，它能帮我们敏锐地察觉危险、提高注意力，并应对突发状况。但如果过度敏感，就会严重干扰我们的生活，让人陷入痛苦。焦虑主要有以下四个典型特征。

“放大镜”下的情绪

焦虑是一种令人不愉快的情绪状态，常使人感到提心吊胆、身心不安，甚至产生大祸临头的预感。它并非单一的情绪，而是由紧张、不安、忧虑、烦恼、恐惧等多种消极情绪交织而成的复杂体验。就像小林，每次考试前都会过度担忧，觉得考砸就会被父母数落、责罚，这种情绪上的“放大镜”效应，使个体对未来充满过度的担忧和恐惧。

拉响身体的“警报器”

当焦虑袭来时，身体会进入一种高度警觉的状态，启动一系列生理反应。心跳突然加快，感觉心脏在胸腔内剧烈搏动；手心不由自主地冒汗；肌肉紧绷，身体变得僵硬，时刻准备着去应对感知到的危险。睡眠也受到影响，脑中充满杂乱的思绪，辗转反侧难以入睡。同时，还可能伴随胸闷发紧、嗓子发堵、呼吸困难、虚弱无力等身体不适。这些不适感反过来又会加剧焦虑情绪，形成恶性循环。

掉进“单曲循环”的思维

焦虑是一种指向未来的情绪状态，其核心特征是对不确定性的过度担忧。这种情绪常使人陷入对潜在威胁的恐惧中，尽管这些威胁多源于主观假设而非客观存在的危险。当个体陷入焦虑时，思维易陷入僵化状态，反复纠结过往的失误，如同“单曲循环”一般。例如，某人若在会议上说错话，便可能持续回想：“如果当时不说那句话该多好。”这种思维模式会不断强化懊恼情绪，使人难以抽离，最终导致心理能量被无休止的回溯消耗殆尽，形成“越懊恼越回想”的恶性循环。

上演“安全仪式”的行为

伴随焦虑体验，人们常常会表现出异常的行为模式，如来回踱步、小动作增多、表情紧张、姿势僵硬、坐卧不安等。为了缓解内心的焦虑，有些人会重复特定的行为，例如有些人会反复洗手十次以上，才能获得些许安心感。还有些人会刻意回避可能会引发焦虑的场景。例如，社交焦虑者在面对聚会等正常场合时，往往会极力逃避，担心自己在人群中出丑或被过度关注。长此以往，他们的生活圈子越来越小，原本能胜任的事情也变得不敢尝试，生活被这些回避行为严重限制。

现代社会中，对未来的适度担忧能帮助我们未雨绸缪。但焦虑症患者容易陷入过度想象，在危险尚未出现时就不断在脑海里虚构各种灾难场景。面对挑战，普通人会主动学习新技能，比如报名在线课程提升竞争力。但过度焦虑的人反而会被想象中的困难禁锢，如因为害怕面试失败就不敢投简历，最终错失机会。这种状态就像戴着有色眼镜看世界，把普通的工作失误放大成人生失败，将同事的随口抱怨误解为职场排挤。

心理学小知识

在我们的大脑中，杏仁核就像一个“情绪警报器”，而前额叶则像是“理性指挥官”。当两者之间的“沟通”出现问题时，焦虑情绪便极易被触发。睡眠不足会显著增强杏仁核对负面信息的敏感度，如同将警报器的灵敏度调至最高档，导致大脑对威胁信号的捕捉能力急剧提升，进而加剧焦虑反应。对于轻度焦虑的人来说，适度焦虑可能激发创造力：这类人在创意工作中常表现突出，因其焦虑水平可促进独特的思维视角生成。然而，当焦虑过度时，情况就会完全不同。过度的焦虑会像“信号干扰器”一般，阻断灵感的传输通道，让思维陷入僵局，难以继续进行创意工作。

焦虑的来源与对策

在当今快节奏的社会中，焦虑如同阴影般笼罩在许多人的心头，严重影响着生活质量。要真正摆脱焦虑的困扰，关键在于深入探寻其根源，从而对症下药，找到有效的解决之道。

“你所畏惧的明天，从未真正到来。”古罗马皇帝马可·奥勒留在日记中留下这句箴言，犀利地揭示了焦虑的本质。焦虑如同现代社会的隐形杀手，潜伏在我们生活的各个角落，成为许多人难以挣脱的心灵枷锁。它并非凭空出现，而是源于自我认知偏差、环境压力以及生理与心理的交互影响。

欲望、恐惧和内心的拉锯战

焦虑的核心在于“欲望大于能力”，以及缺乏足够的耐心。我们每个人心中都有诸多渴望，如事业上的飞黄腾达、学业上的金榜题名、经济上的富裕自由等。然而，现实能力的提升往往需要漫长的过程和持续的努力。当两者之间的差距过大时，挫败感便会油然而生。人类天性中的避难趋易和急于求成倾向，使得我们在面对需要长期投入的目标时，极易产生焦虑情绪。

自我接纳不足、对现状不满及过度自我批判，是产生持续焦虑的重要诱因。许多人苛求完美，难以接纳自身缺点，深陷自我否定的旋涡。这种内在的批判可能源于童年时期的经历，比如，在过于严苛的家庭教育环境下成长，形成了根深蒂固的自我否定模式。成年后，一旦遇到挫折，这种内在的批判声音就会响起，从而进一步加重焦虑情绪。

对未来的恐惧是焦虑的常见来源：前途的未知、经济压力的潜在威胁、疾病健康的担忧、他人评价的顾虑，都可能成为压在胸口的重负。我们害怕失败，害怕被他人瞧不起，害怕失去对生活的控制。这种恐惧会限制我们的行动，使我们在面对选择时犹豫不决，甚至不敢迈出前进的脚步。

焦虑的幕后黑手

明确具体的焦虑内容是探索焦虑根源的第一步。通过梳理焦虑的诱因，我们可以更清晰地了解自己的内心状态。在记录过程时，我们要详细描述触发焦虑的事件、身体反应（如心跳加速、出汗）和思维模式。例如，当面临工作焦虑时，仔细回想是什么事情引发了这种情绪，是与同事的沟通问题，还是对上级评价的担忧？同时，注意自己身体的反应，这些生理信号也是焦虑的重要表现。通过这种方式，模糊的焦虑情绪得以具体化，为进一步分析和解决问题提供依据。

在了解焦虑的具体表现后，我们需要进一步区分现实压力和主观因素。现实压力可能来自工作、经济等方面，如工作任务过重、经济拮据等；而主观因素则包括消极思维、完美主义倾向等。此外，还需排查生理疾病对情绪的影响，如甲状腺功能异常等可能会导致情绪波动和焦虑症状。通过全面分析内外诱因，我们可以更准确地找到焦虑的根源，从而采取针对性的措施进行调整。

童年创伤和家庭教养方式常构成焦虑的潜在根源。例如，童年时期经历过重大变故、受到过度惩罚或缺乏关爱等，都可能是形成深层焦虑的因素。这些早期经历会影响我们对自我和世界的认知，进而使我们在成年后面对生活中的各种情况时，更容易产生焦虑情绪。通过心理咨询等专业手段，我们可以深入挖掘这些深层原因，重新审视和理解过去的经历，从而减轻它们对现在生活的影响，缓解焦虑情绪。

识别重复出现的焦虑情境对于探索焦虑根源也非常重要。例如，特定的人际关系或任务类型是否持续引发焦虑。分析这些情境背后的恐惧，如害怕失控、害怕被否定等，可以帮助我们了解自己内心深处的担忧和不安。通过观察自己的行为模式，我们可以发现那些容易引发焦虑的触发点，并有针对性地进行调整和应对，逐渐改变不良的行为习惯和思维模式，从而减少焦虑的发生。

心理学小知识

关于焦虑的应对策略，心理学界存在不同观点：部分学者主张溯源疗法，强调通过解析早期经历与心理冲突来缓解焦虑；另有研究指出，过度归因可能引发思维反刍（反复沉溺于过去事件），反而会加剧焦虑情绪。因此，他们建议聚焦于焦虑的维持因素（如认知模式、生活习惯），通过认知调整、放松训练等方式打破恶性循环。实际干预需根据个体情况平衡“溯源”与“行动”的优先级，综合运用多元方法实现症状缓解。

焦虑症的认知误区

在理解焦虑症的道路上，我们常常会陷入一些误区。很多人把焦虑症简单地视为一种情绪波动，认为患者只是“想太多”或者“心情不好”，却不知它是一种复杂且具有明确生物学基础的疾病状态。还有人认为焦虑症只是现代生活压力下的产物，忽略了它背后可能隐藏着的深层次的生物、心理和社会因素。这些误区如同层层迷雾，遮蔽了我们对焦虑症的正确认知。

纪伯伦说过，“我们的焦虑不是来自对未来的思考，而是来自想要控制它。”在当今社会，焦虑症已成为一种常见的心理障碍，但许多人对它的认识仍存在诸多误区。这些误解不仅阻碍了人们对焦虑症的正确认识，还可能延误治疗，加重病情。因此，了解焦虑症的常见误区，对于我们更好地应对和治疗焦虑症至关重要。

焦虑情绪≠焦虑症

在日常生活中，每个人都会产生焦虑的情绪，这是一种正常的心理反应。例如，面临考试、工作压力、人际关系困扰等问题时，我们可能会感到紧张、担忧。然而，这并不意味着我们患有焦虑症。焦虑症的诊断需要符合特定的标准，包括焦虑情绪的持续时间、严重程度以及对日常生活的影响等。

焦虑情绪是一种短暂的、情境性的反应，通常在压力源消失或威胁解除后会自然缓解。而焦虑症则是一种持续的、过度的焦虑状态，严重影响患者的日常生活和功能。例如，一个人在考试前感到紧张是正常的，但如果这种紧张感持续数周或数月，甚至影响睡眠、饮食和日常活动，那就可能是焦虑症的表现。

焦虑症≠精神病

焦虑症是一种常见的心理障碍，而精神病则是一类更为严重的心理疾病，如精神分裂症等。焦虑症患者通常能够保持正常的认知和行为能力，而精神病患者则可能出现幻觉、妄想、思维混乱等症状，严重影响日常生活和社会功能。因此，焦虑症与精神病在症状表现和严重程度上有着本质的区别。

焦虑症患者虽然会感到极度的焦虑和不安，但他们的认知和现实检验能力通常保持完好。他们能够意识到自己的焦虑是过度的，并且能够理解周围的世界是真实的。而精神病患者则可能存在显著认知障碍。

焦虑症需科学治疗

焦虑症作为一种病理性的心理反应，需要专业的治疗和干预。虽然坚强的意志和积极的心态对于缓解焦虑症状有一定帮助，但仅靠个人意志是无法完全克服焦虑症的。焦虑症的治疗通常需要综合运用药物治疗、心理治疗等多种方法，以达到最佳治疗效果。

许多患者认为，只要自己足够坚强，就能够克服焦虑症。然而，这种想法是不现实的。焦虑症是一种复杂的心理障碍，其成因包括遗传因素、神经生物学因素、心理因素和环境因素等。仅靠个人意志无法解决这些深层次的问题。专业的治疗，如认知行为疗法、药物治疗等，可以帮助患者从根本上缓解焦虑症状，帮助患者恢复社会功能。

焦虑症的诱因不止性格问题

虽然性格因素可能与焦虑症的发生有一定关系，但如前所述，焦虑症的成因是多方面的。因此，仅仅通过改变性格并不能完全克服焦虑症。

治疗焦虑症需基于患者个体差异制定综合方案，而非依赖单一干预手段。例如，内向性格可能增加焦虑易感性，但单纯追求性格外向并不能治愈焦虑症。焦虑症的治疗方案应统筹考量患者的遗传背景、神经生物学机制、心理状态及生活环境等多重因素。通过专业心理治疗与药物治疗的结合，可以帮助患者逐步缓解症状，而非仅靠性格调整。

药物治疗并非万能

药物治疗在焦虑症的治疗中起着重要作用，但并非万能。药物治疗可以缓解焦虑症状，但并不能解决根本问题。焦虑症的治疗需要综合运用药物治疗、心理治疗、生活方式调整等多种方法，以达到更全面的治疗效果。

药物治疗虽能快速改善心悸、出汗、颤抖等躯体症状，但无法解决焦虑的深层心理成因和行为模式。心理治疗（如认知行为疗法）可帮助患者识别并修正负面思维及行为习惯，从根源减轻焦虑。生活方式的调整同样关键：规律运动、充足睡眠和均衡饮食能提升心理健康水平，辅助症状缓解。

“多管齐下”防焦虑

虽然放松心情、减轻压力对于缓解焦虑症状有一定的帮助，但这并不能完全避免焦虑症的发生。由于焦虑症的成因是多方面的，即包括遗传因素、环境因素、心理因素等，所以，预防和治疗焦虑症需要综合考虑各种因素，采取全面的措施。

放松心情与减轻压力无疑是缓解焦虑症状的有效途径，然而，它们并不能解决焦虑症的核心问题。一位焦虑症患者分享道，每当焦虑情绪涌上心头，他便会在瑜伽垫上缓缓展开身体，每个动作都伴随着深沉而均匀的呼吸，仿佛在这一刻，身体与心灵之间的界限变得模糊，达到了一种难以言喻的和谐与统一。冥想与瑜伽这类放松方式，确实能暂时驱散心头的阴霾，带来片刻的宁静。

然而，若个体的遗传背景中潜藏着焦虑的易感基因，同时生活环境又不断触发焦虑的诱因，那么单纯的放松心情便如同隔靴搔痒，难以从根本上阻止焦虑症的发作。因此，预防和治疗焦虑症需要采取更为全面且综合的策略，包括专业的心理治疗、必要的药物治疗以及生活方式的积极调整，以期达到更好的效果。

心理学小知识

你可能不知道，焦虑症患者平均每天担忧时间高达300分钟，这意味着，一天中整整5个小时都在被焦虑情绪所困扰。这种持续而漫长的担忧不仅影响他们的生活质量，还对身心健康造成极大损害。

研究发现，在缓解焦虑方面，写焦虑日记比喝安神茶更有效。将内心的烦恼和担忧倾泻于纸上，仿佛为大脑进行了一次“大扫除”，能够有效释放认知负担，让大脑得以暂时卸下重负，从而更清晰地认识和应对焦虑情绪。

焦虑症的成因

在复杂的内心世界里，焦虑症的成因犹如谜团般盘踞在许多人心中。从生物层面来看，大脑中神经递质的微妙失衡，恰似精密仪器中的零部件出现故障，使得情绪的传导出现偏差，为焦虑的种子提供了生理的“土壤”。而从心理层面来看，不良的思维模式则可能助长焦虑在心灵花园中滋长。同时，工作、经济、人际关系等压力，加剧了焦虑情绪的蔓延。

巴克·米纳斯曾说：“焦虑是人生无可避免的经历。你可以选择限制它变得更强大，也可以选择让它控制你。”焦虑的出现并非毫无缘由，现代社会中的“隐形杀手”是多种因素交织作用的结果。接下来，就让我们一同揭开焦虑症成因的神秘面纱，探寻这场心灵“风暴”的形成过程。

1. 基因密码里的“焦虑开关”

焦虑症的遗传倾向，就像家族里悄悄埋藏的“焦虑种子”。如果家族中有焦虑症患者，那么其他家庭成员就像是在一片更容易滋生焦虑的土壤中生长，患焦虑症的风险会显著增加。这些遗传因素如同隐藏在基因密码中的“开关”，可能在不经意间被触发，影响大脑的神经递质系统、神经回路等生物学机制，让个体对焦虑变得格外敏感。

同时，大脑的神经递质系统异常在焦虑症的发展中，就像一场突如其来的“焦虑风暴”。血清素，这个与情绪调节紧密相连的神经递质，当其水平降低时，就可能引发焦虑症状的连锁反应。而大脑中涉及情绪处理的神经回路，如杏仁核、前额叶皮质等区域，一旦功能出现异常，则可能会加剧个体陷入焦虑的程度。这些神经生物学因素相互交织，共同影响着个体对焦虑的易感性和症状表现。

2. 心理的“扭曲迷宫”

（1）认知偏差：戴上“焦虑滤镜”看世界

焦虑症患者的思维方式，就像是透过“焦虑滤镜”看世界，与普通人存在显著差异。他们倾向于将模棱两可、无法确定的事件看成危机的先兆，仿佛世界充满了危险和威胁。这种过度认知使其陷入一种“认知牢笼”，在焦虑中难以自拔。具体来说，他们可能易走极端，认为事情非黑即白，遇到挫折就仿佛天塌下来，陷入深深的挫败感和自我怀疑中；也可能处事消极，总是看到生活中消极的一面，自动忽略那些积极的细节；还可能思维固化，认为事情只要发生过一次，就会像噩梦般一次次重演，生活中的不幸也会如影随形。

（2）情绪因素：恐惧的“升级版”与道德的“紧箍咒”

恐惧，作为焦虑症的主要诱因，就像是焦虑的“升级版”。当个体对某些事物产生过度恐惧时，这种恐惧就会像病毒一样迅速升级为焦虑。而个体对道德准则的严苛追求和完美主义倾向，就像是戴上了一副沉重的“枷锁”。根据弗洛伊德的理论，人格结构中的超我部分，总是追求着完美的自己，一旦个体违背自己的道德准则，即便只是微小的瑕疵，也会引发强烈的罪恶感和焦虑感。

3. 社会压力的“聚光灯”

环境变化和生活压力，则如同突然出现的“焦虑旋涡”，将个体卷入其中。生活中的那些应激事件，如离婚、失业、丧偶、财务危机、患病等，会剧烈冲击个体的心理防线，成为焦虑症的重要诱因。根据弗洛伊德的理论，这种焦虑往往源于现实挑战与自我能力感知之间的矛盾，以及对失去安全感的恐惧。人类普遍对变化感到不适，因为它打破了熟悉感，使人置身于陌生且充满不确定性的境地，从而引发焦虑。

不良嗜好如吸烟、酗酒等，可能会改变大脑的神经递质水平，加重焦虑症状；性格因素如神经质、内向等，也可能让个体更容易受到焦虑的困扰；而童年时期的经历，如家庭暴力、父母离异、学校欺凌等，更会在个体的心灵深处埋下焦虑的种子，影响其一生的心理健康。这些因素相互作用，共同引发了焦虑症，让个体在焦虑的阴影中挣扎。

心理学小知识

焦虑症的成因就像一场“心理大戏”，多方势力共同参演。生物层面，遗传因素像潜伏在基因里的“小叛徒”，影响大脑神经递质系统、神经回路等，如血清素合成代谢出状况，杏仁核过于敏感，都可能加重焦虑；心理层面，不良思维模式是焦虑的“助燃剂”，把事情往坏处想，童年创伤像隐藏的“伤口”，一碰就引发焦虑；社交层面，社交挫折、工作压力构成了一张“社会压力网”。这些生物、心理、社会因素相互交织，构成了焦虑症成因的复杂“密码”。

焦虑症的类型

在快节奏的现代生活中，焦虑症以多样化的形式悄然影响许多人的身心健康。从持续担忧的广泛性焦虑障碍，到社交场合中的极度不安——社交焦虑障碍，再到突如其来、令人窒息的惊恐发作，以及对特定事物的强烈恐惧——特定恐惧症，焦虑症以其多样的形式和强大的影响力，干扰着人们的日常生活。

正如神经科学家丽莎·巴瑞特所言："焦虑并非大脑的故障，而是需要校准的高精度雷达。"焦虑症是一组以焦虑为主要症状的心理障碍，其类型多样，每种类型都有其独特的表现形式和特点，而若能理解这些类型差异，有助于我们将焦虑转化为应对挑战的能力。

1. 广泛性焦虑症

广泛性焦虑症是最为常见的焦虑症类型之一。患者常常对生活中的各种事物感到过度担忧和不安，即使在没有明显威胁的情况下也会如此。他们可能担心自己的健康、家庭、工作、学习等方面，终日心烦意乱，仿佛不幸即将降临在自己或亲人头上。这种担忧往往与现实极不相称，使患者感到非常痛苦。此外，患者还可能伴有自主神经紊乱的症状，如心悸、出汗、颤抖、疲倦、睡眠困难等。

2. 惊恐症

惊恐症是一种突然发作的强烈恐惧感，常常伴随着心慌、胸闷、呼吸急促、出汗等身体症状。惊恐发作通常持续几分钟到几十分钟不等，患者在发作期间会伴随躯体症状，如心悸、出汗、潮热或畏寒、颤抖或晃动、呼吸短促或窒息感、胸痛或不适、恶心或胃肠不适、头晕或头痛、刺痛或麻木、不真实的感觉、害怕失去控制或发疯、害怕死亡等。惊恐症患者在发作之后，往往会担心下一次发作的来临，这种担忧和恐惧会进一步加剧他们的焦虑情绪。

3. 社交恐惧症

社交恐惧症，又称社交焦虑症，主要表现为在社交场合中感到极度的焦虑和恐惧。患者害怕被负面评价（如嘲笑或拒绝），他们常主动回避社交活动。在社交场合中，他们可能会出现脸红、出汗、结巴等身体症状，这些症状会进一步加剧他们的焦虑情绪。患者在社交场合中会过度关注自己的表现和别人的评价，担心自己会出错或受到负面评价，从而导致他们在社交场合中感到极度不适，甚至避免参与社交活动。

4. 特定恐惧症

特定恐惧症是指对某种特定的事物或情境感到极度的恐惧和焦虑。这些事物或情境可能包括动物、高处、密闭空间、飞行等。当患者面对这些恐惧源时，可能会出现心跳加速、呼吸急促、出汗等身体症状，严重者甚至可能出现恐慌发作。患者通常能够认识到自己的恐惧是不合理的，但他们仍然无法控制这种恐惧情绪。

5. 强迫症

尽管强迫症常被视为独立的障碍类别，但它与焦虑情绪密切相关。强迫症患者常受到强迫观念的困扰，这些思维通常源于恐惧和不安。为了缓解这些恐惧和不安，患者会进行强迫性的行为或仪式，如反复洗手、检查门窗是否关好等。这些行为虽然可以暂时缓解焦虑情绪，但长期来看会加重患者的负担和痛苦。

6. 分离焦虑症

分离焦虑症主要表现为与特定的人或动物分离时产生的过度焦虑。患者害怕失去与自己有情感依恋的人或动物，担心他们会发生意外或自己无法应对分离的情况。这种焦虑情绪会影响患者的日常生活和学习，导致他们难以独立面对生活。

心理学小知识

从病理学的视角拓展至人类发展层面，焦虑特质具有独特的作用。广泛性焦虑症患者，如同天生的风险预判者，在金融分析、应急管理等复杂领域展现出独特的危机感知能力，他们可以敏锐地察觉潜在危险并提前准备。而社交焦虑症人群，则展现出对微表情的非凡洞察力，这一特质在艺术创作和心理咨询等领域转化为宝贵天赋，使他们能细腻捕捉并表达情感，深刻理解他人的内心世界。更令人惊讶的是，研究表明焦虑基因携带者在远古环境中的存活率高于常人，他们在面对挑战时能够展现出更强的适应力。因此，焦虑不仅是情绪的体现，更是人类进化历程中不可或缺的智慧与潜能的见证。

每天从睁眼开始，焦虑就像甩不掉的影子……

大脑的“预警系统”在过度保护你。

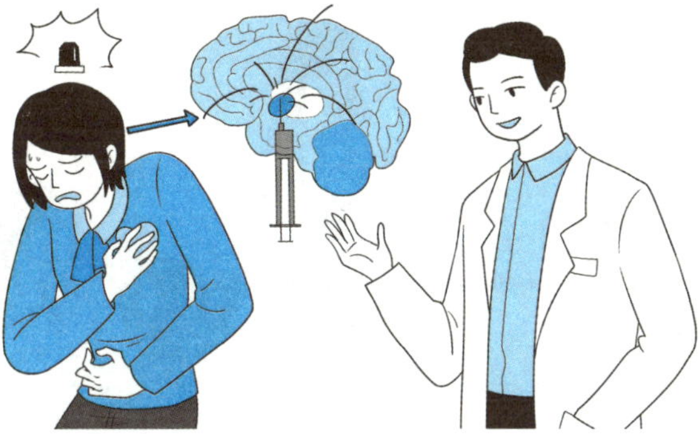

焦虑的本质是对“失控”的恐惧。

用科学方法拆解焦虑。

行动是焦虑的天敌。

焦虑不是敌人，而是提醒你成长的信号。

第二章

破解焦虑：从认知走向自救

焦虑思维如同一位不速之客，常常在你最不经意的时刻造访。它可能在你准备重要演讲时悄然出现，让你的心跳加速、手掌出汗；也可能在你面对未知的未来时悄然袭来，让你的内心充满迷茫和不安。然而我们如果能够以一种平和的心态去理解它，就会发现焦虑背后隐藏着许多有价值的信息。

焦虑时大脑在想什么？

焦虑者的思维方式，就像带着放大镜行走于雷区，将潜在威胁过度放大。在他们的思维世界里，小小的担忧会被无限放大，仿佛任何一件小事都可能引发灾难。这种思维模式让他们在面对生活中的各种情况时，总是充满紧张和不安，难以享受当下的美好。

美国心理学之父威廉·詹姆斯指出：“对抗压力的最大武器，是我们选择一种想法而不是另一种想法的能力。”在当今社会，焦虑似乎成了许多人甩不掉的影子。而焦虑者特有的灾难化思维方式，则进一步加剧了这种情绪的蔓延，深刻影响着他们的生活品质。

对于焦虑者而言，无论危险是否真实存在，他们往往会认定其必然发生，仿佛拥有预知未来的能力。预测危险成了他们日常生活的核心部分，尽管他们将其解释为“防患于未然”，但实际上，这更多是为了缓解内心的焦虑，试图通过预演最坏情景来寻求某种虚幻的安全感或控制感，从而暂时抚平不安情绪。

焦虑者的“灾难放大镜”

灾难化思维倾向往往将日常生活中的普通事件直接与灾难性的结局相联系。他们可能会将一次工作的小失误直接想象成失业乃至流落街头的悲惨境遇；身体的一丝疲劳，也会被无端地放大为癌症的先兆。这种扭曲的思维模式，常常伴随着“如果……怎么办”的过度假设，他们不仅高估负面事件发生的概率，还严重低估了自己应对困境的能力，这种思维方式，不仅引发了强烈的焦虑和恐惧情绪，还进一步强化了他们的负面预期，从而进入“越焦虑越灾难化，越灾难化越焦虑”的恶性循环。

焦虑者的“滤镜效应”

焦虑者在面对生活中的各种情况时，往往就像戴着一副特殊的有色眼镜，这副眼镜会自动过滤掉那些积极的、正面的细节，只让他们看到消极和负面的内容。

焦虑者还会过度关注那些不喜欢自己的人和已经发生的不好的事情，而忽略与自己友好相处的人和良好结果的事。他们常常忽视自己的付出，贬低自身能力，觉得自己的努力微不足道，而一旦没做到某事就认为自己是一个失败者。而且，他们的情绪主导着思维，对人对事有自己的判断标准，即使这种标准十分片面，他们也奉之为金科玉律。一旦脑中产生想法，焦虑者就拒绝接受与之相左的证据，自动屏蔽这些内容，只关注会强化这些想法的证据，从而使自己的焦虑情绪更加严重。

当然，焦虑者的负面想法还有很多种。患者可以把遇到的事和自己的焦虑想法写下来，像旁观者一样客观地看待问题，或在事情结束后回顾焦虑想法，了解自己的思维方式。比如：

事件描述	想法记录	分析与回顾
工作汇报	我担心在汇报中出错，被同事和领导嘲笑。	其实我之前也遇到过类似情况，只要认真准备，即使有小失误，也能得到他人的谅解。焦虑让我高估了被嘲笑的可能性，忽略了自身的努力和能力。

心理学小知识

实验证明，把担忧具象为滑稽的漫画形象，其引发的焦虑强度会显著降低。这种方法简单又有效，通过改变对担忧的呈现方式，有助于大脑更好地处理这些负面情绪，进而减轻焦虑，让生活更轻松。

终结灾难化想象的方法

在现代生活中，焦虑思维如同内心的“噪声”，时常令人心烦意乱。如何在焦虑的声浪中保持冷静，成为我们每个人都需要面对的课题。

认知行为疗法之父阿尔伯特·埃利斯的研究指出，“焦虑的本质，通常是把‘可能性’错当成‘必然性’。”虽然焦虑者的思维方式看似复杂且顽固，但通过科学的方法可以有效地应对和改善。

别被想法牵着鼻子走：想法不等于事实

焦虑者常常会将自己的想法误认为是事实，这是加剧焦虑情绪的一个重要原因。当你产生一个焦虑的想法时，试着提醒自己：“这只是我的想法，不一定是事实。”这句话可以帮助你与自己的想法保持一定的距离，避免被想法所左右。

例如，如果担心自己会在即将到来的演讲中出丑，你可以告诉自己：“这只是我的想法，我还没有上台演讲，根本不知道会发生什么。也许我会表现得很好，也许会有一些小失误，但这并不意味着我会出丑。”通过这种方式，你可以减少对焦虑想法的过度关注，让情绪逐渐平静下来。

从“乌云”到“阳光”：把负面思维转为现实思考

焦虑者的思维方式往往偏向于负面，习惯想象最坏的结果，而忽略实际情况。当你发现自己陷入负面思维时，试着将其转换为现实思考。问问自己：“实际情况是什么？有哪些证据支持我的想法？有哪些证据反驳我的想法？”

比如，你在工作中遇到一个小挫折，开始担心自己会不会被辞退。这时，你可以停下来思考一下实际情况："我确实遇到了一个小问题，但这并不意味着我不能胜任这份工作。我之前也有过很多成功的经验，这些都证明了我的能力。公司也没有表现出任何要辞退我的迹象，我为什么要这么担心呢？"通过这种方式，你可以让自己的思维更加客观和现实，从而减少不必要的焦虑。

给焦虑打"预防针"：提前种下积极的种子

在面对可能引发焦虑的情况之前，先进行积极的心理准备，可以更好地应对焦虑情绪。比如，提前准备好一些积极的自我暗示和应对策略，让自己在面对挑战时更加自信和从容。

例如，你即将参加一场重要的考试，若担心发挥不佳，在考试前，你可以对自己说："我已经做好了充分的准备，我相信自己的能力。即使遇到不确定的题目，我也会尽力解答，不留遗憾。考试只是检验学习成果的一种方式，无论结果如何，我都不会否定自己的努力。"这样的积极自我暗示能减轻焦虑，增强信心。

给大脑放个小假：暂停焦虑，重启放松

当焦虑情绪持续加剧，让你感到无法承受时，不妨暂时将注意力从焦虑的事情上转移开，去做一些自己喜欢的事情，或者进行一些放松活动。例如听音乐、阅读、散步，或者和朋友聊聊天。这些活动可以帮助你放松身心，缓解焦虑。当重新面对引发焦虑的问题时，个体往往会更平静、思路更清晰。除了以上方法，认知行为疗法、放松训练、正念冥想以及建立良好的生活习惯等，也有助于缓解人们的焦虑情绪。

方法	作用
认知行为疗法	识别负面思维模式，通过挑战和重构这些思维来改变情绪和行为反应。
放松训练	通过深呼吸、渐进性肌肉松弛等方法，帮助焦虑者在身体层面进行放松，缓解紧张情绪。
正念冥想	专注于当下的呼吸、身体感觉等，将注意力从对过去的反刍和未来的担忧中拉回到现在，减少思维的混乱和负面情绪的干扰。
良好的生活习惯	规律的作息、均衡的饮食以及适量的运动，可以调节身体机能，增强心理稳定性。
丰富多样的社交活动	帮助焦虑者转移注意力，增强自信心和安全感，改善他们的思维方式。

心理学小知识

想要缓解焦虑可尝试以下实用技巧：每周进行2次有氧运动（如跑步、游泳），运动能促进身体分泌内啡肽等物质，产生类似抗抑郁药物的效果；聆听60—80bpm的舒缓音乐，其节奏与放松状态的心率相近，有助于平复情绪；将手机屏保设为蓝色系风景图，利用色彩心理学降低焦虑感。这些低成本方法通过生理调节与环境干预，可以帮助焦虑者缓解日常压力，增强心理适应能力。

焦虑自救指南

焦虑，这种情绪可以说是现代社会生活中的“常客”，但如果我们换个角度看待它，焦虑也可以成为我们生活中的“指南针”，指引我们关注内心深处的需求和外界环境的变化。

心理学家布琳·布朗认为：“没有焦虑的成长就像没有风浪的航行，你永远不知道自己能驾驭多少种天气。”可见，焦虑并非一无是处，它是我们内心对潜在威胁的警报器，时刻提醒我们需要关注和解决的问题。正如压力可以转化为动力，焦虑也可以被调动为积极的能量，推动我们前进。

1. 不是只有你会焦虑

研究表明，焦虑是人类与生俱来的情绪反应，它是我们在面对潜在威胁或不确定性时的自然生理和心理反应。从进化的角度来看，焦虑曾经是我们的祖先在危险环境中生存下来的重要工具。例如，当早期人类在森林中听到异响或察觉到捕食者的踪迹时，焦虑情绪会迅速激活他们的身体和大脑，促使他们进入警觉状态，从而更好地应对可能的威胁，如战斗或逃跑。这种“战斗或逃跑”反应是由交感神经系统触发的，它会释放肾上腺素等激素，使心跳加速、呼吸急促、肌肉紧张，为身体提供额外的能量和力量。

2. 焦虑是生活中的一部分

焦虑是一种复杂的情绪体验，它通常与恐惧、担忧、不安等情绪相互交织，形成了一种强烈的心理感受；同时，焦虑会影响我们的思维方式，使我们更容易关注负面信息和潜在威胁。这种思维方式在心理学上被称为“负面偏差”。然而，这种思维方式也有其积极的一面，它会促使我们对问题进行深入思考，寻找问题的解决方案。

例如，当我们担心自己的健康时，我们可能会采取一些积极的措施，如锻炼身体、改善饮食等。这种行为上的改变有助于我们更好地适应环境，提高生活质量。

3. 焦虑只是暂时的

焦虑是一种情绪波动，它可能随着时间的推移而逐渐减轻。当我们面对的问题得到解决或环境发生变化时，焦虑情绪也会相应地减弱。例如，当你通过努力完成了一个重要的项目并获得了成功，之前的焦虑情绪就会被喜悦和成就感所取代。

4. 焦虑可以转化为动力

焦虑虽然会带来不适，但它并不能阻止我们去做我们想做的事情。相反，通过正确对待焦虑，我们可以将它转化为动力，帮助我们更好地完成任务。

焦虑会促使我们更加关注任务的细节和潜在问题，从而让我们在行动中更加谨慎和认真。例如，在准备一场重要的演讲时，适度的焦虑可以促使你反复练习，完善内容，从而提高演讲的质量。这种积极的行动是焦虑带来的一种积极影响。

许多人在面对焦虑时，仍然能够取得成功。例如，美国著名演员汤姆·汉克斯在年轻时曾患有严重的焦虑症，但他并没有让焦虑阻止自己的演艺事业。他通过积极地治疗和自我调节，逐渐克服了焦虑，成为一位备受尊敬的演员。他的经历告诉我们，焦虑并不能阻止我们追求梦想，只要我们勇敢地面对它，就一定能够实现自己的目标。

5. 挖掘焦虑的价值，催生正向改变

在许多人眼中，焦虑似乎百害而无一利。可实际上，它就像身体发出的警报，提醒我们关注生活中被忽视的问题。当我们为工作项目焦虑时，它可能在暗示当前进度滞后，促使我们优化时间管理，提升工作效率。当我们因亲密关系感到焦虑时，这或许是在提示沟通出现了障碍，我们可以借此改善交流方式，增进感情。只要正确解读焦虑传递的信号，我们就能把它转化为推动自我成长与改变的强大动力。

总之，焦虑并非全然是坏事，从积极的角度去理解焦虑，我们可以发现它在我们的生活中扮演着重要的角色，并且能够成为我们成长和发展的助力。

心理学小知识

轻度焦虑能够提升多巴胺的分泌水平，多巴胺作为一种与愉悦感和动力紧密相关的神经递质，在适度紧张的状态下会帮助人们加快解题速度和提升运动表现。实验数据表明，考前处于轻度焦虑状态的学生，其答题正确率明显高于完全放松的学生。

焦虑的念头总是一个牵出另一个……

你的大脑正在“狼来了”的循环中自我欺骗。

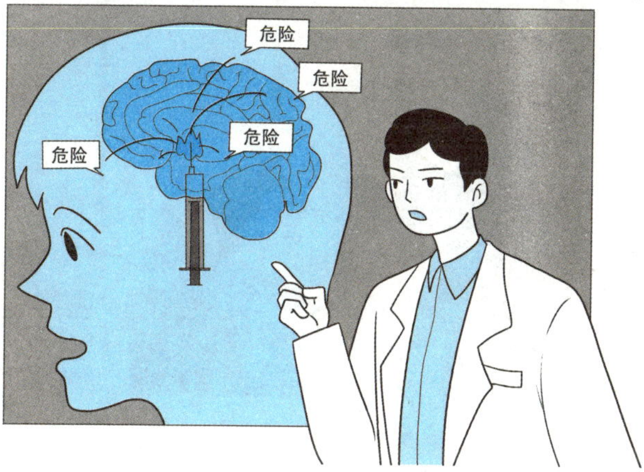

你正在用“焦虑滤镜”扭曲现实。

用科学方法把焦虑“切片分析”。

行动是打破思维陷阱的终极武器。

焦虑不是敌人，而是需要被重新训练的“误报系统”。

第三章

认识广泛性焦虑症：持续地担心怎么办？

你是否经常被这样的感受困扰：对工作细节反复核查，生怕出错而无法停止怀疑；对家人的安全设想无数种极端场景，明知是过度担忧却难以自控；身体长期处于紧绷状态，心跳加速、肌肉酸痛，却找不到明确的生理病因……这些“停不下来的担忧”和“无法掌控的灾难化想象”，或许正是“广泛性焦虑”的信号。

广泛性焦虑症的表现

广泛性焦虑症是一种以持续的、无明确对象的焦虑和担忧为特征的焦虑障碍。患者常常对生活中的各种事物过度担忧，即使在没有明显原因的情况下，也会持续地感到紧张和不安，其核心症状多种多样：

1. 持续担忧：生活中的每件事都成了“定时炸弹”

广泛性焦虑症常常让人们陷入持续性的担忧之中，对未来持有悲观的预期，将日常琐事视为巨大的威胁，担忧的内容广泛且不断变化。例如，一个简单的有雨天气预报，就可能引发一连串的担忧：担心自己忘记带伞，进而担心因此感冒，影响工作，甚至担忧工作中可能出现的种种不利情况。这种担忧如同滚雪球般越滚越大，让患者难以承受。同时，他们还容易变得易怒与烦躁，情绪稳定性会变差，可能因一点小事就大发雷霆，如家人无意中打翻了杯子，都可能引发他们的激烈反应。

2. 身体的“警报”：心跳加速、失眠与疲惫的循环

广泛性焦虑症还会出现一系列的躯体症状。自主神经功能紊乱导致人们常常感到头晕、胸闷、心悸、出汗、尿频等。在焦虑发作时，我们可能会感到心跳加速，仿佛心要从嗓子眼跳出来，同时伴有头晕目眩、满脸通红、汗水涔涔的情况。此外，肌肉紧张与运动性不安也是常见的躯体症状，如坐立不安，双手颤抖。睡眠障碍尤为突出，表现为入睡困难、易惊醒、睡眠质量差，入睡前思维活跃。

3. 生活的“绊脚石”：注意力涣散与社交回避

广泛性焦虑症会让人注意力难以集中，工作效率低下，因焦虑干扰而无法专注于手头的任务。同时，它也会让人回避社交或日常活动，如担心在社交场合出丑而拒绝参加朋友聚会或公司活动，甚至避免出门购物等日常活动。

值得注意的是，广泛性焦虑症还常与其他精神疾病并发，如抑郁症、惊恐障碍、强迫症等。长期焦虑还可能引发心血管疾病、消化系统问题等。例如，一位患者可能同时患有广泛性焦虑症和抑郁症，焦虑和抑郁情绪相互交织，让他感到生活毫无希望。同时，长期的焦虑还可能会导致高血压、胃溃疡等躯体疾病，严重影响生活质量。

心理学小知识

广泛性焦虑症的发病率在成人中约为3%，这一比例虽看似不高，但影响的人群却相当广泛。女性在这一疾病中的发病率是男性的两倍，高发年龄多在30岁左右，同时在老年人群体中也颇为常见。此外，儿童和青少年同样可能遭受其困扰，常表现为对学业、家庭安全等问题的过度担忧。

广泛性焦虑症的成因

广泛性焦虑症并非简单地由某一种因素引起，而是多种因素共同作用的结果。它常常让个体陷入无尽的忧虑之中，正是这种对未知的过度探索与担忧，严重影响了个体的日常生活与工作。那它是如何形成的呢?

1. 进化与适应的“双刃剑”

从进化的角度来看，焦虑情绪并非一无是处。正是有了这种忧虑意识，古人才开始学会观察、思考，进而制定策略，以应对未来的不确定性。在现代社会，这种焦虑情绪促使我们评估风险，提前做好准备，以应对可能出现的挑战。然而，这种焦虑情绪过度发展时，便可能演变成广泛性焦虑症，对个体的身心健康造成严重影响。

2. 遗传的“隐形烙印”

研究表明，广泛性焦虑症具有一定的遗传倾向。当然，这并不意味着个体一定会患上焦虑症，因为焦虑症的形成还受到环境、心理等多种因素的影响。但不可否认的是，遗传因素在焦虑症的形成中扮演着重要的角色。

3. 童年与性格的“阴影”

心理特质与不良童年经历也是诱发广泛性焦虑症的重要因素。具有神经质、完美主义、敏感内向、高度警觉等性格特质的人更易出现焦虑，尤其是完美主义者对失控的恐惧可能加剧担忧。同时，“非黑即白”“灾难化”等认知模式也会加剧焦虑症状。

家庭环境对广泛性焦虑症的形成同样具有重要影响。在一个缺乏安全感、充满冲突与不安的家庭中长大的孩子，更容易形成焦虑的性格。

4. 生活冲击的“导火索”

生活中的重大应激事件，如失业、失恋、亲人离世等，会给患者带来巨大的心理冲击，让他们感到无助与绝望。为了应对这种不确定性及其带来的压力，他们可能会过度思考、担忧未来，增加广泛性焦虑症的发病风险。同时，现代社会的快速变迁和快节奏生活也加剧了社会普遍存在的焦虑感，使得越来越多的人陷入广泛性焦虑的困境。

综上所述，广泛性焦虑症的形成涉及进化、遗传、心理特质、家庭环境以及生活中的应激事件等多方面因素。认识并理解这些成因，是寻求有效治疗的重要前提。在专业医生指导下，通过心理咨询、药物治疗以及生活方式的调整等多方面的努力，可以有效帮助患者重拾生活的快乐与自信。

心理学小知识

部分人群天生具有较高的情绪易感性，习惯用“大事不妙”的灾难化思维来看待问题，将寻常小事过度解读为灾难。如果未能及时调整心态或解决问题，这种焦虑状态就可能固化为长期的、慢性的广泛性焦虑症，严重影响日常生活和心理健康。因此，学会调整心态，积极应对生活中的挑战，是我们预防广泛性焦虑的关键。

广泛性焦虑症的对策

与自己和解，不是对焦虑的妥协，而是一种勇敢的自我接纳。它意味着我们不再试图与焦虑抗争，不再把自己逼入绝境，而是以一种平和的心态去面对内心的波澜。我们告诉自己："焦虑并没有那么可怕，它是生活的一部分，但我依然可以掌控自己的生活。"

1. 换个角度看问题：接受不确定性，打破灾难化思维

广泛性焦虑者常常会高估负面结果发生的可能性。举个例子，有些人一旦感觉自己胸闷，就会不由自主地担心自己是否得了癌症。但实际上，胸闷是一种较为常见的身体症状，由多种原因引起，由癌症引发的概率极低。我们可以尝试写下事件发生的客观概率，当看到具体的数字时，我们会发现自己所担忧的事情发生的可能性其实并没有想象中那么高。这样，我们就能更加客观地看待问题，减少不必要的焦虑。

我们可以尝试用积极暗示来替代负面设想。比如，当面对一件结果不确定的事情时，我们可以告诉自己："结果虽不确定，但我有能力应对任何情况。"研究发现，将担忧视为"主观想法"而非"既定事实"，能够有效地降低焦虑。

不确定性其实是生活的一种常态，但我们往往会抗拒它，这种抗拒带来的内耗，常常是焦虑产生的重要诱因。大量研究表明，焦虑常常源于我们认为不确定性必然会导致负面结果。可实际上，不确定的事件既可能带来积极的结局，也可能是中性的。比如，在上班途中遇到堵车，一开始我们可能会焦急万分，担心会因此迟到，受到领导的批评。然而，经历多次

这样的情况后，我们会发现，虽然堵车带来了一些不便，但最终并没有造成什么严重后果，慢慢地我们便适应了这种不确定性。当我们真正承认不确定性在生活中的普遍性，不再抗拒它时，内心的焦虑便会减轻许多。

2. 行动是焦虑的解药：把担忧变成具体计划

当我们感到焦虑时，我们不妨将这种焦虑转化为具体的行动。我们可以制订短期计划，规划一周内的安排，然后专注于可控的小目标。比如，如果正在为工作上的项目进度感到焦虑，可将项目分解成一个个小任务，每天完成一项任务，通过这样的行动来获得掌控感。这些具体的行动，能够帮助我们把注意力从对结果的担忧转移到实际的操作上，从而减少焦虑。

减少过度信息搜索：在信息爆炸的时代，我们很容易陷入过度信息搜索的陷阱。实际上，过度关注这些信息会让我们陷入无尽的担忧之中。所以，我们要学会控制自己，减少不必要的信息搜索，避免过多的信息干扰我们的情绪。

设定“担忧时间”：比如，每天花15分钟，集中精力处理自己的忧虑，把所有担心的事情都想一遍，分析一下原因和可能的解决办法。而在其余时间，我们要努力转移注意力，专注于当下正在做的事情。这样，我们既能给自己一个释放焦虑的出口，又不会让焦虑时刻占据我们的生活。

身体状态与我们的情绪密切相关。规律作息、深呼吸、正念练习等都能降低生理唤醒水平，从而缓解焦虑。规律的作息让我们的精神状态更加饱满，面对不确定性时也能更加从容。当我们感到焦虑时，我们可以尝试做几次深呼吸，就会发现自己的情绪会逐渐平静下来。正念练习也是一种很好的方法，比如，关注自己当下的感官体验，听听周围的声音，感受一下自己身体与座椅的接触，通过这种方式将注意力拉回当下，减少对未来不确定性的担忧。

3. 培养心理弹性：慢慢习惯生活中的不确定

我们可以刻意地让自己处于低风险的不确定情境中，逐步适应未知带来的不适。比如，平时上下班总是走同一条路线，这次我们可以尝试一条新路线，虽然可能会花费更多的时间，或者遇到一些不熟悉的路况，但通过这样的尝试，我们能够逐渐提高自己对不确定性的耐受力。

我们要学会区分当下真实的问题和虚构的灾难。比如，即将到来的考试是现实存在的问题，我们可以通过认真复习、做好准备来缓解担忧。而“考不好人生就完了”这种想法则属于假设性担忧，过度夸大了考试结果的影响。对于现实担忧，我们可以通过实际行动来解决问题；对于假设性担忧，我们需要进行认知干预，改变自己的思维方式。

与信任的人讨论担忧，或者寻求心理咨询，都能帮助我们缓解焦虑。

4. 接受不完美：适度焦虑的激励作用

有些人试图通过反复计划来消除不确定性，结果却可能加剧自身的焦虑。需要认识到，人生中大约有 20% 的事件是我们无法控制的，我们要学会接受不完美的结果。在适度准备之后，我们需要学会放手，接受事情发展的自然规律。

适度的焦虑其实是有激励作用的。比如，在考试前，适度的焦虑会让我们更加认真地复习；在工作中，适度的焦虑会促使我们更加努力地完成任务。但我们要注意避免让这种焦虑泛化成持续的状态。

心理学小知识

当焦虑来袭时，若伴有持续失眠、心悸或惊恐发作，这可能是身体发出的求救信号。此时，我们需优先就医排除生理病因。自我和解的核心是“带着焦虑生活，而非等待焦虑消失”。

不知道在怕什么，但就是慌得停不下来……

大脑误以为你随时处于危险中。

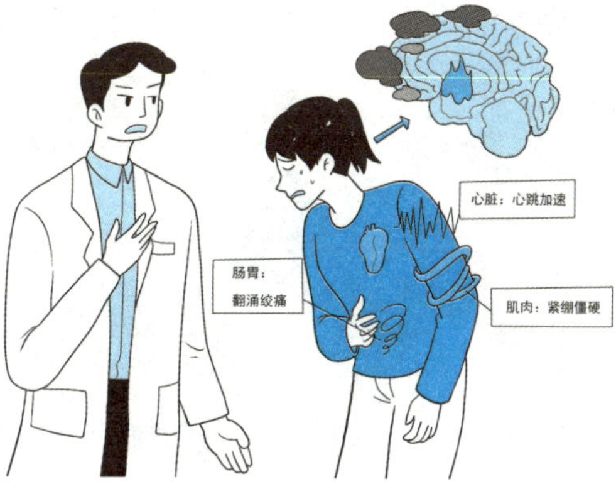

你把“可能性”当成了“必然性”。

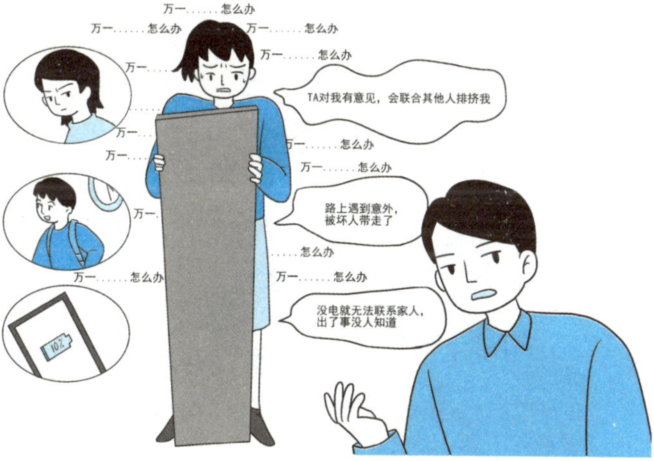

焦虑的反义词是“具体”。

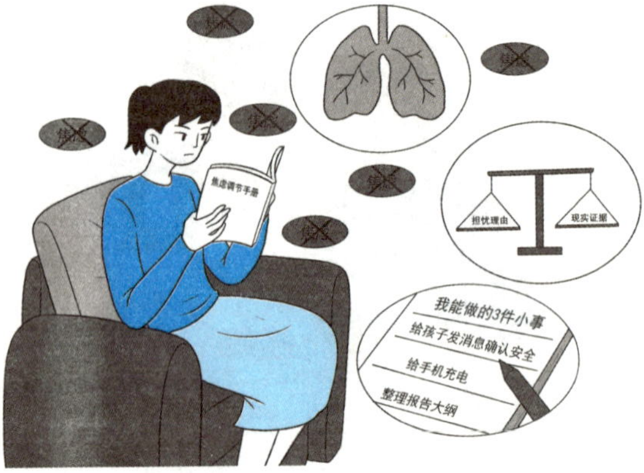

你不需要掌控一切，只需要相信自己能应对。

广泛性焦虑的终点，是学会在不确定中锚定自己。

第二篇 社交恐惧症

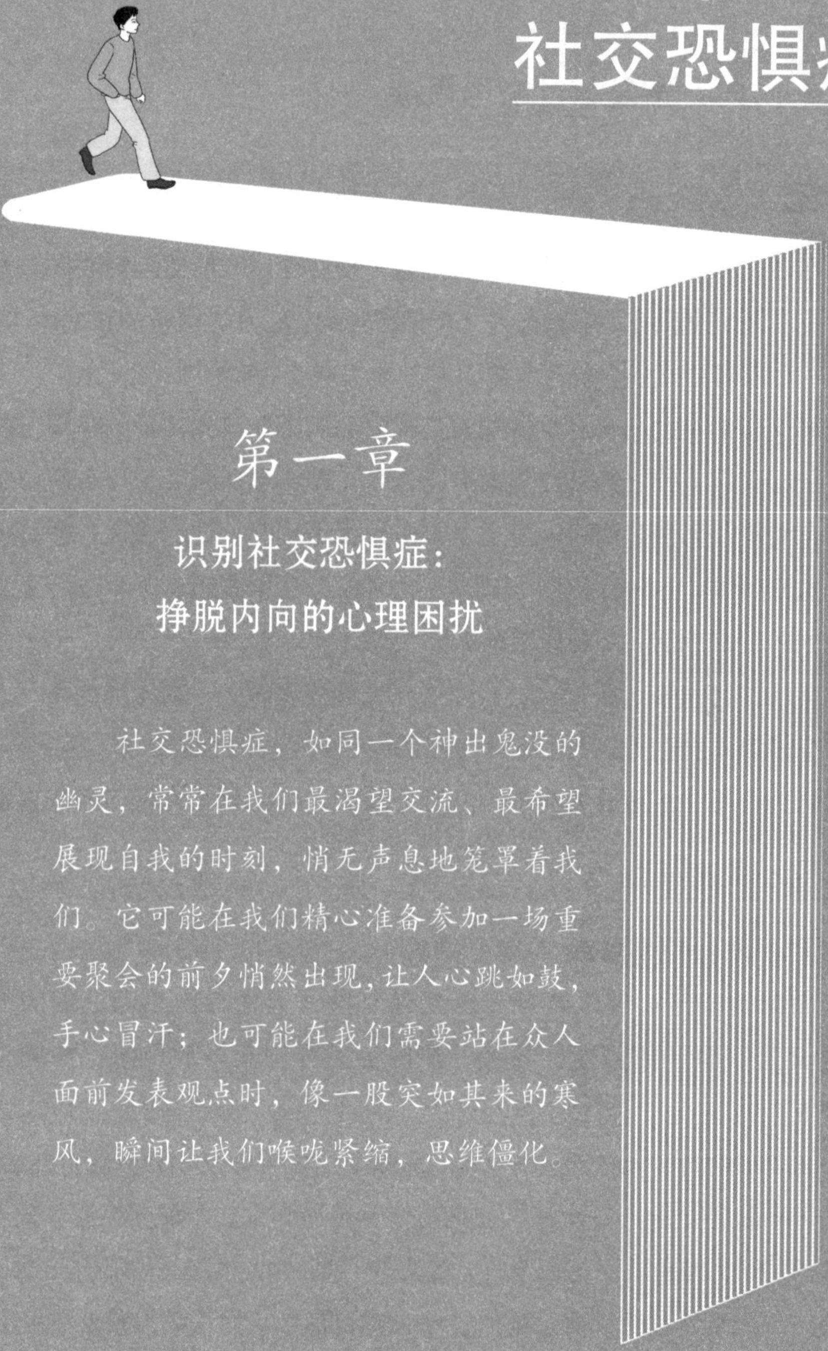

第一章

识别社交恐惧症：挣脱内向的心理困扰

社交恐惧症，如同一个神出鬼没的幽灵，常常在我们最渴望交流、最希望展现自我的时刻，悄无声息地笼罩着我们。它可能在我们精心准备参加一场重要聚会的前夕悄然出现，让人心跳如鼓，手心冒汗；也可能在我们需要站在众人面前发表观点时，像一股突如其来的寒风，瞬间让我们喉咙紧缩，思维僵化。

内向、害羞与社交恐惧症

在现代社会的喧嚣与繁华背后，有一种心理障碍悄然影响着许多人的生活——社交恐惧症，也被称为社交焦虑障碍。它并非简单的害羞或内向，而是一种以对社交场合的持久恐惧和回避为核心特征的心理疾病。

社交恐惧会削弱自我价值感，让我们陷入不断自我怀疑的怪圈。社交恐惧症，医学上称之为社交焦虑障碍，是一种心理疾病，主要表现为对社交场合的持久恐惧和回避。当患者面对社交情境时，他们通常会感到极度的焦虑和恐惧，这种反应远远超出了正常的社交紧张感，并且会严重影响到他们的日常生活、职业发展和人际关系。

生活中，很多人常说自己是“社交恐惧症患者”，因为他们在与人交往时会感到不自在，或者不愿意与人亲近，甚至故意躲避社交。但实际上，这些行为并不一定意味着患上了社交恐惧症，可能只是性格内向或害羞的表现。

1. 内向：只是喜欢“自己待着”

内向其实是一种性格特点，就像有些人天生喜欢热闹，内向的人则更喜欢安静。他们享受独处，在内心世界中获得放松感，如同自我“充电”。

比如，内向的人在聚会时可能沉默寡言，但与密友相处时能自然交谈。他们并不是害怕和人打交道，只是更愿意选择和少数人深度交流，或者享受自己的个人空间。对他们来说，社交并不是一种“负担”，而是一种“可选项”。如果不进行社交，他们也不会觉得焦虑，而是觉得独处更舒服。

内向与社交恐惧症的关键区别在于心理反应，内向的人不会因为不参加社交活动就感到特别难过或者焦虑，也不会因为少参加聚会就影响正常的生活。比如，一个内向的人可能会拒绝参加一个大型派对，但他还是会和家人、朋友保持亲密的关系，其生活也不会受到影响。

2. 害羞：遇到生人会紧张

害羞其实是一种很常见的情绪反应，通常会在我们遇到陌生环境或者和不熟悉的人打交道时出现。

一个害羞的人在和别人初次见面时，可能会感到局促不安。但如果随着交流的深入，彼此熟悉起来，他就会慢慢放松，甚至还能和对方聊得很投机。而且，害羞这种情绪通常是暂时的，不会让人一直回避社交场合，也不会对工作或者和别人相处产生太大的影响。

不过，害羞的人心里其实也有社交的愿望，只是他们可能会因为担心被别人评价而略显犹豫。但如果这种害羞的情绪长期存在，还伴随着强烈的焦虑和回避行为，那就可能发展成社交恐惧症了。

3. 社恐：面对社交只想躲

社交恐惧症是一种精神障碍，患者在社交场合里，会持续地、过度地害怕，还会有强烈的生理反应，如心慌、手抖、出汗等。患者明知道自己的恐惧是不合理的，但完全没办法控制。

例如，一个患有社交恐惧症的人可能会在参加聚会时，提前数天就开始感到焦虑不安，担心自己会说错话或被他人嘲笑。即使在聚会现场，他也会尽量躲在角落里，避免与他人交流，甚至可能中途离开。这种过度的回避行为不仅让他错过了与朋友互动的机会，还可能让他在事后更加怀疑自己的社交能力，进一步加剧内心的恐惧和不安。

社交恐惧症患者即使内心渴望社交，也会因强烈的恐惧而主动回避，这种伴随着过度担忧和害怕被评价的痛苦，与普通的害羞或内向存在本质区别。

维度	内向	害羞	社交恐惧症
本质	性格特质	情境性情绪反应	精神障碍
社交意愿	主动选择减少社交	有愿望但犹豫	渴望但因恐惧被迫回避
情绪强度	无强烈负面情绪	短暂紧张	持续、极度的焦虑和恐惧
生理反应	通常无	轻微（脸红、心跳加快）	强烈（颤抖、出汗等）
对生活的影响	不影响正常功能	短暂影响	严重损害

心理学小知识

内向和害羞本身并非问题，但如果因社交挫败感而过度回避社交，可能陷入“越焦虑越回避，越回避越焦虑”的循环，进而发展为社交恐惧症。

同样，一个害羞的人可能在面对陌生人时感到紧张，但如果他总是因为这种紧张而回避社交，如拒绝聚会、不参加集体活动等，久而久之，他的社交技能可能会退化，对社交的恐惧也会加剧，最终也可能发展成社交恐惧症。

社交恐惧症的表现

在人际交往的舞台上，有些人因社交恐惧症而退缩不前。它是一种以对社交场合持久恐惧和回避为核心特征的心理疾病。患者常常会竭力避免可能引发焦虑的社交场合，这种回避行为不仅限制了他们的社交圈，还可能影响到职业发展和生活质量。“我们唯一需要恐惧的，就是恐惧本身。”这句话深刻揭示了社交恐惧症患者的核心困境——对“恐惧情绪”本身的过度担忧，而非实际社交情境的威胁。

1. 人多就容易慌

患者对可能被他人审视的社交场合（如公开讲话、与人互动、被注视等）产生持续且过度的恐惧。这种恐惧常与实际风险不成比例，且患者明知不合理却无法自控。

2. 聚会躲着走

患者倾向于主动避免可能引发焦虑的社交活动，若无法回避则需忍受极度的不适。例如，患者可能会找各种理由拒绝参加聚会、会议等，说自己生病了或者有其他紧急的事情。如果实在无法回避，他可能会在活动现场尽量躲在角落里，或者在用餐时找借口说自己已经吃过了，避免在他人注视下进食。

3. 社交容易脸红手抖

焦虑情绪常引发自主神经功能亢进，表现为脸红、心跳加速、出汗、颤抖、呼吸急促、恶心等。严重时可能出现惊恐发作或极端反应（如大小便失禁）。长期回避行为可能导致低自尊、自我否定，甚至并发抑郁症、强迫症等其他心理问题。

比如，当一个社交恐惧症患者在需要当众发言时，可能会感到心跳快得像打鼓，手心和腋下大量出汗，声音颤抖得几乎无法控制，甚至可能会因为过度紧张而出现短暂的呼吸急促或恶心。长期下来，他可能会开始怀疑自己的能力，觉得自己是个失败者，甚至可能会出现抑郁情绪，对生活失去兴趣。

心理学小知识

社交恐惧症在不同年龄群体中的症状表现各有特点。老年患者的核心症状可能以“痛苦感”为主，他们常常因为社交场合中的不适而感到痛苦，这种痛苦感可能源于对自身社交能力的不满以及对被他人关注的担忧。相比之下，年轻人更突出“恐惧感”，他们可能在面对社交情境时感到强烈的恐惧，如害怕在公共场合发言、与陌生人交流等，这种恐惧感常常伴随着明显的生理反应，如心跳加速、手抖、脸红等。

社交恐惧症的类型

社交恐惧症具有多样化的表现形式。有的患者会因被关注害怕脸红而回避社交，有的患者则因担忧语言表达障碍而过度紧张，甚至拒绝开口交流；有的患者无法与人对视，接触目光即产生恐慌；还有的患者则担心余光引发他人负面评价。

莎士比亚从珍惜生命的角度出发，曾批评因为恐惧潜在危险而自我封闭，他指出："因为害怕可能发生的坏事就去结束自己的生命，这是非常胆小和可耻的。"社交恐惧症在不同的场合和不同的人身上，会有各种各样的表现。了解这些不同的表现，能帮我们更好地认识和理解这种心理现象。

1. 生理反应相关类型

赤面恐惧症，是社交恐惧症中常见的表现之一。患者在社交场合中，尤其是当众人目光聚焦于自己时，会不由自主地脸红，这种脸红并非源于害羞，而是一种强烈的恐惧反应。他们极度害怕自己的脸红被他人察觉，担心因此被嘲笑或质疑。这种恐惧感往往会导致患者在社交场合中感到极度不安，甚至回避社交活动。

口吃恐惧症则与语言表达有关。患者担忧在说话时会出现口吃或其他语言障碍，这种担忧会引发过度紧张，甚至导致他们在需要开口说话时选择沉默。这种恐惧不仅影响患者的日常交流，也可能对其职业发展和人际关系造成负面影响。

2. 感官交互相关类型

视线恐惧症患者在与他人对视时会感到极度的不安和恐慌。他们害怕与他人目光接触，担心自己的眼神会被误解或评判。这种恐惧可能导致他们在社交场合中低头、偏脸或眯眼，以避免与他人对视。长期的视线恐惧症甚至可能影响患者的日常生活，如在公共场合中无法正常交流或参与社交活动。

余光恐惧症患者则对自己的余光动作过度敏感。他们担心自己的余光动作会被他人注意到，并引发负面评价。这种恐惧可能导致患者在社交场合中过度关注自己的言谈举止，甚至因此感到焦虑和不安。

3. 场景特异性类型

异性恐惧症患者在与异性交往时会出现手足无措、语无伦次的情况。这种恐惧可能源于对被异性负面评价的担忧，尤其是在青春期，患者可能因为对异性的误解或缺乏交流经验而产生恐惧感。

陌生人恐惧症患者可能会对新接触的人群产生防御性回避。他们害怕与陌生人交流，担心尴尬或因此而受到伤害。这种恐惧可能会导致患者在社交场合中保持孤立，避免与陌生人接触。

心理学小知识

社交恐惧症带有一些文化特色的“印记”。随着网络社交的普及，“声音恐惧症”逐渐浮现出来。这类患者更倾向于通过文字进行交流，因为在网络环境中，他们可以避免被直接注视或评价，从而获得更多安全感。这反映了文化背景和社会环境对心理障碍表现形式的塑造作用，就像土壤和气候会影响植物的生长一样。

社交场合是你的“刑场”，每个眼神都是审判。

你的大脑正在被困住，导致你无法行动。

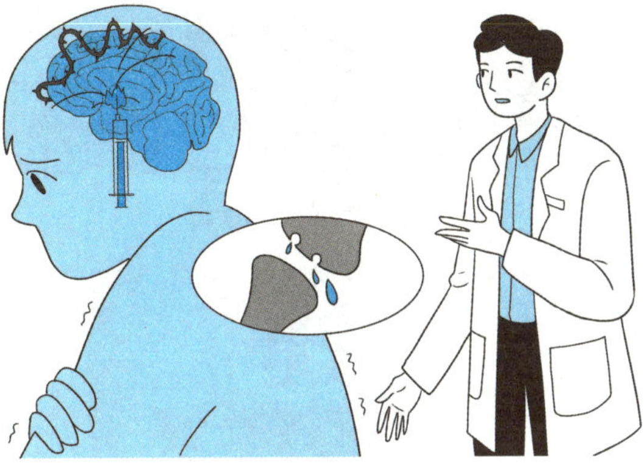

妄想中的评价仿佛利剑，时刻攻击你。

重新认知与周围人的交往。

行动是打败恐惧的终极武器。

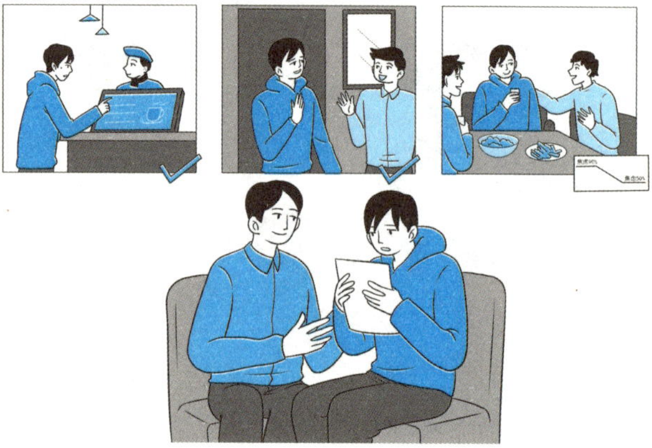

直面恐惧情绪，社交也可以很简单。

第二章

社交恐惧症的躯体化表现：尴尬背后的生理信号

社交恐惧的深层心理动因之一，可能是害怕“被看见真实的自己”。然而，脸红是身体应对紧张的自然反应；眼神游移的瞬间，大脑正在拼命寻找安全感；面对异性时的紧张，藏着我们对亲密关系的渴望。当我们不再急于否定这些反应，而是安抚自己说“我看到你的害怕了”，那些曾禁锢我们的枷锁，就会慢慢变成认识自己的钥匙。

脸红恐惧：发热的脸颊像在“报警”

在人际交往的舞台上，你是否曾因脸红而感到困扰？当有人与你交谈，或你在众人面前发言时，是否觉得自己的脸不自觉地泛红？这种脸红是否让你产生了种种担忧，害怕被他人注意到并对此评头论足？其实，适度的脸红是人类情感的自然流露，但对某些人来说，脸红却成了一种难以言喻的负担，甚至演变成了赤面恐惧症。

日本心理学家森田正马发现，赤面恐惧症的关键问题在于患者过度关注“羞耻感”。他认为，“如果能正视脸红，坦然接受，反而能减轻症状”。

1. 症状揭秘：从身体反映到心理难题

赤面恐惧症患者的脸红现象并非普通的害羞或紧张，其背后存在复杂的生理机制。当患者预感到要进入社交场合时，大脑的杏仁核就会异常活跃，释放出大量肾上腺素，让面部血管变粗、血流量显著增加。脸红带来的羞耻感又会刺激交感神经，形成“焦虑—脸红—更焦虑”的恶性循环。研究显示，患者对自己脸部表情的关注度是普通人的4.7倍，而且，73%的患者存在对他人视线的过度敏感，容易将正常注视误解为嘲笑。曾有患者因路人多看他一眼便连续三日闭门不出。

2. 应对方法：用科学的方法打破束缚

每天花 10 分钟用“正念观察法（专注于脸红时的身体感受）”仔细观察自己脸红的过程，记录温度变化和情绪变化。研究显示，通过生物反馈技术，患者可将脸红持续时间从平均 5 分钟缩短至 45 秒。

利用虚拟现实技术，患者逐步适应真实社交场景：从面对虚拟人物开始，过渡至现实场合。有研究显示，经过 8 周的虚拟现实的仿真训练，某患者在真实电车里的停留时间从 15 秒延长到了 20 分钟。

通过“呼吸—温度”联动训练，患者脸红时采用 4—7—8 呼吸法（吸气 4 秒、屏息 7 秒、呼气 8 秒），同时用冰袋冷敷锁骨上方的颈动脉窦，能在短时间内帮助脸部温度适当降低。冷敷时需避免直接接触皮肤（可垫毛巾），且时间不宜过长（每次不超过 10 秒），并在他人陪同下进行。

心理学小知识

请记住，脸红不是软弱的象征，而是身体在提醒我们需要被温柔对待。试着做一个小实验：下次脸红时，不要急着躲藏，而是微笑着对自己说：“瞧，我的身体正在释放一种叫作‘肾上腺素’的激素，它只是身体应对紧张的自然反应。”真正困住我们的不是脸红本身，而是我们对脸红的恐惧。就像森林里的小鹿，当它明白影子只是自身的一部分而非威胁，就能自在地在阳光下奔跑。

眼神闪躲：当对视变成煎熬

在人际交往中，眼神交流是不可或缺的一部分，然而对于视线恐惧症患者而言，“害怕与他人视线接触”是其主要困扰，也是一种难以承受的压力。

柏拉图曾说：“孩子害怕黑暗，情有可原；人生真正的悲剧，是成人害怕光明。”这句话深刻揭示了视线恐惧症患者的困境——当成年人因社交压力而逃避他人目光时，他们正亲手将自己囚禁在自我构建的阴影牢笼中。

视线恐惧症患者在与人对视时，肾上腺素的分泌会激增，心跳加速至120bpm以上，瞳孔不自觉放大，面部肌肉因过度紧张而僵硬。这种恐惧并非源于目光本身，而是对“被审视”的灾难化想象。数据显示，患者往往会显著高估他人目光的停留时间，认为每个眼神都暗含负面评价。

1. 视线恐惧症的症状

避免眼神接触：患者会尽量避免与他人进行眼神交流，尤其是在公共场合或面对陌生人时。他们可能会在对话中频繁地移开目光，或者完全不敢直视对方的眼睛。

生理反应：在面对他人的视线时，患者可能会出现心跳加速、出汗、颤抖等身体反应。这些生理反应是由于焦虑引发的自主神经系统过度活跃所致。

回避行为：患者可能会倾向于避开社交场合，以避免与他人发生眼神接触。这可能会影响他们的工作和学习表现，例如避免参加会议、小组讨论或课堂发言等活动。

心理困扰：长期的视线恐惧可能导致患者产生自卑、焦虑、抑郁等心理问题。他们可能会因为自己的症状而感到羞耻，进一步加重心理负担。

2. 视线恐惧的三重维度

（1）对视恐惧：在与人交往之际，对视恐惧症患者往往难以直视对方的眼睛，他们内心深处仿佛总有一种被众人审视与议论的错觉。一旦目光交汇，他们便会陷入极度的尴尬与不安，甚至可能出现思维停滞、呼吸急促等强烈的生理反应。为了规避这种不适，他们在交流时倾向于避免直接的眼神接触，目光游移不定，显得躲闪且不自然。

（2）余光恐惧：在与人交往的过程中，患者的目光总是不由自主地被周遭的事物所吸引，难以将注意力聚焦于当前正在进行的任务上。他们仿佛被一种无形的力量牵引，无法自控地关注起那些本不应过度关注的事物，视线仿佛被牢牢锁住，难以自如地移动。由于过分在意自己的目光行为，患者在与他人交流时常常感到不自然，影响正常的人际交往。

（3）目光失控恐惧：在与人相处之时，患者的眼睛总是不由自主地四处张望，每当与人目光交汇，又仿佛能感受到对方投来的异样与厌恶的目光，这不禁让他们感到迷茫，不知该将视线投向何方。这种无意识的乱看行为，使注意力难以集中，甚至有时会出现眼神呆滞、难以自主聚焦等现象。

被长时间注视会令人不适，这实属人之常情。然而对于正常目光接触，我们无须过分在意。但视线恐惧症患者往往对此过度敏感，常将他人目光错误地解读为不满或排斥，从而加剧焦虑情绪。这种过度敏感与错误解读，使得患者在社交场合的表现与自身预期大相径庭，难以与他人自如交往。

3. 视线恐惧引发的连锁反应

视线恐惧绝非孤立存在，它像推倒的多米诺骨牌，给患者生活的方方面面带来负面影响，在职业、社交、心理健康领域引发连锁反应。职业发展上，面试时，求职者因视线恐惧不敢与面试官对视，给对方留下紧张、不够从容的印象，从而与心仪的工作失之交臂；工作汇报时，他们无法与同事、领导进行目光交流，导致沟通效果大打折扣，影响晋升机会；社交生活中，患者因害怕目光交汇回避聚会、活动，错失结识朋友的契机，久而久之，被朋友圈边缘化，人际关系越发疏远；心理健康层面上，长期遭受视线恐惧困扰，患者会陷入自我怀疑，自尊心受挫，产生抑郁、焦虑等负面情绪，甚至引发更严重的心理问题，形成恶性循环，严重降低生活质量。

心理学小知识

视线恐惧症患者普遍具有自卑、敏感和完美主义倾向。他们过度在意他人评价，陷入“被监视感→社交失误→自我否定”的循环。患者常对自身社交能力、社交表现或外貌持有负面认知，渴望表现完美却因紧张频频失误，进一步强化自我否定。这种心理状态不仅限制社交活动，更对心理健康与生活质量造成严重损害。

异性接触恐惧：不只是害羞那么简单

你是否曾在异性面前突然心跳加速、手心冒汗？是否在与异性交谈时大脑一片空白，甚至因此刻意绕道而行？这些看似偶然的社交尴尬，可能是异性恐惧症的征兆。这种心理障碍如同无形的结界，将患者困在自我否定与恐惧的牢笼中。

作家白先勇在访谈中提到，年轻男性普遍存在对异性的畏惧心理："一般年轻的男孩子对异性或多或少都会有所畏惧。成熟之后，这种心理就会消失。"异性恐惧症是一种以面对异性产生过度紧张、焦虑和回避行为为特征的心理障碍，属于社交恐惧症的一种。

当异性恐惧症患者置身社交场合时，生理、行为和认知层面的反应共同构成了其复杂的应对机制。在生理维度，患者会经历肾上腺素水平急剧上升，面部温度明显升高，呼吸频率显著加快。在行为方面，患者表现出明显的回避和限制模式，与异性进行目光接触的平均时长不足 0.5 秒；而在交谈过程中，其词汇使用量相较于正常水平减少了约 40%。认知层面的偏差同样突出，73% 的患者会过度担忧自己的内心想法被异性看穿，坚信异性能够洞悉自己的内心想法。这些多维度的反应相互交织，形成了异性恐惧症患者在社交情境中的独特应对模式。

1. 多重因素交织的心理困境

异性恐惧症的形成往往源于多种因素的复杂交织。在家庭教养方面，过度强调"男女授受不亲"的传统观念，可能使患者在成长过程中缺乏对异性的基本认知和健康交往经验。

创伤经历也是导致异性恐惧的重要因素。青春期是人际交往和自我认同的关键时期，此阶段的负面经历可能对心理造成长久影响。比如，青春期表白被拒的经历可能在大脑杏仁核形成深刻的恐惧记忆，使得患者对类似情境产生过度的恐惧和焦虑反应。

此外，社会文化的规训也在异性恐惧的形成中扮演着重要角色。传统性别角色期待往往给个体带来了巨大的心理压力，导致患者产生“必须完美表现”的强迫观念。多数患者在与异性交往时会过度关注自己的言行是否“得体”，担心自己不符合社会期待。这种过度的自我监控和对性别规范的严格遵循，使得患者在与异性交往时感到极度紧张和不安，进一步加剧了异性恐惧的症状。

2. 正确认知异性恐惧症的三个关键

异性恐惧症常被误解为普通内向害羞，实则不然。普通人的社交紧张多为短暂性（如几分钟到十几分钟），而异性恐惧症患者的症状持续 6 个月以上，严重影响其日常生活。

将异性恐惧症等同于道德缺陷也是错误的。某患者将同事出于工作需要的交流和正常关心错误解读为“性骚扰”，导致自己抑郁发作。这表明患者可能存在认知偏差，并非道德有问题。

认为异性恐惧症无法治愈也是一种误区，研究显示，早期干预组（发病2年内）的5年复发率仅为17%，显著低于延迟治疗组。这说明早期干预和治疗对异性恐惧症患者至关重要。

为了更好地了解自己在与异性交往中的心理状态，我们不妨进行以下自测。

类别	子类别	具体表现
心理与行为表现	紧张与回避	- 与异性接触时感到极度紧张、心慌，甚至拒绝交往 - 刻意回避有异性的社交场合（如聚会、联谊），主动减少接触机会 - 当异性靠近或注视自己时，产生逃避冲动或莫名 “生气”
	自我意识过强	- 过分关注自身形象（如衣着、表情），担心被异性负面评价 - 无法自然表达想法，言语支吾或沉默寡言 - 产生强迫性思维：例如幻想“对方喜欢 / 讨厌自己”；反复纠结“刚才的话是不是说错了”“对方是不是觉得我很笨拙”
	安全感缺失	- 总担心异性会对自己做出不利行为，缺乏信任感 - 因过往恋爱 / 婚姻受挫而对异性产生普遍不信任
生理反应	典型身体症状	- 脸红（赤面恐惧）、手心出汗、口干舌燥（符合至少两项） - 心跳加速、呼吸急促、肢体颤抖 - 视线恐惧：无法与异性目光接触，频繁低头或东张西望 - 表情僵硬：面部肌肉紧绷，笑容不自然
深层心理特征	矛盾心理	- 既有与异性亲近的强烈愿望，又因焦虑而压抑冲动 - 对自身性别角色或吸引力感到自卑，认为“配不上”异性
	归因与认知偏差	- 将异性的普通行为误解为“对自己的否定或嘲笑” - 认为异性交往必然伴随伤害，产生灾难化想象

心理学小知识

异性恐惧症并非单纯的心理问题，其形成与生物学因素密切相关。研究表明，42% 的患者存在 5- 羟色胺转运体基因多态性。5- 羟色胺（5-HT）是一种重要的神经递质，在情绪调节中起着关键作用。5- 羟色胺转运体基因多态性可能影响 5-HT 羟色胺的正常功能，进而增加社交恐惧症的发病风险。

5- 羟色胺转运体基因启动子区多态性（5-HTTLPR）是常见的多态性形式，其短片段“S”等位基因与情绪调节障碍有关。携带“S”等位基因的个体可能在面对压力时表现出更强的焦虑反应，这在异性恐惧症患者中较为常见。

这一发现提醒我们，在理解社交恐惧症时，不能忽视生物学因素的作用。

脸红往往被认为是“不专业”，躲避视线是“不自信”——连表情都被明码标价。

社会规训让社交成为聚光灯下的舞台。

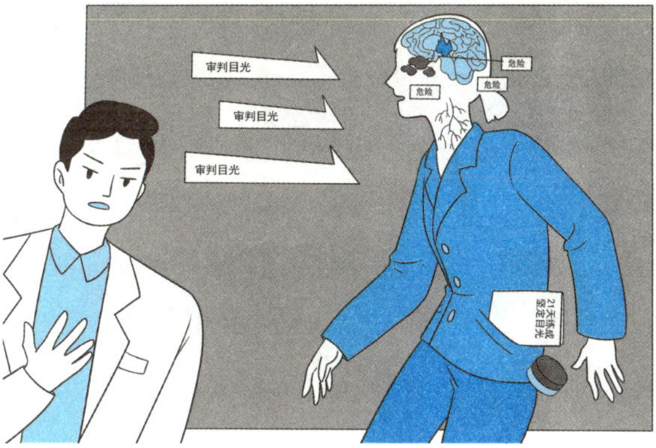

你被困在“应该成为什么”的剧本里。

当你撕开“你应该”的标签，才能看见真实的自己。

视线可以是温柔的巡视，而非必须笔直的标枪。

当你挣脱“社会规训”的枷锁，脸红和视线都只是你与世界对话的方式。

第三章

迈向从容社交：认知行为策略与自我重塑

你是否在人群中总觉得自己像个透明人，渴望被关注却害怕成为焦点？是否在社交场合中紧张得手心出汗，脑子里一片空白，事后又为自己的表现懊恼不已？社交恐惧就像一层无形的茧，将我们困在自我否定的狭小空间里，难以自由舒展，也无法畅快表达。但这层茧并非坚不可摧，只要我们掌握正确的方法，就能破茧而出，蜕变成真实自信的自己。

停止胡思乱想

克服社交恐惧症并非一蹴而就，而是一场需要耐心与毅力的持久战。每一次的努力和尝试，都是在向更好的自己迈进。也许在这个过程中，你会遇到挫折，会想要放弃，但只要坚持下去，就一定会看到改变。

1. 认知重构，重塑思维

要克服社恐，首先需要改变思维方式。当那些负面想法冒出来时，我们要学会质疑它们。比如，我们可以回顾过往的社交经历，是否曾获得过他人的赞赏或与他人进行过愉快交流？我们可以将这些积极的案例记录下来，在负面思维重现时用以自我提醒，逐步培养对社交情境的客观认知。

2. 逐步暴露，勇敢尝试

社交能力的提升需遵循循序渐进原则。我们可以从低压力场景入手（如小型熟人聚会），待适应后再逐步挑战高难度场合（如行业会议、大型社交活动）。每次成功后，我们可以给予自身适当奖励，强化积极体验并积累信心。这种阶梯式训练能够有效降低焦虑感。

3. 放松训练，舒缓紧张

在社交活动前或进行过程中，人们常会感到紧张不安，此时放松训练便可发挥作用。选择一处安静舒适的位置坐下或躺下，缓慢吸气，使空气充盈腹部，感受腹部如气球般隆起，心中默数五个数；随后缓慢呼气，感受腹部逐渐收缩，心中默数五个数。重复此过程，每次呼吸时需尽量保持平稳、缓慢且深沉，如此练习数次，即可帮助我们恢复平静。

4. 技能提升，自信社交

良好的社交技能能帮助我们在社交中更加自信从容。有效沟通是社交的关键，我们要学会倾听他人的观点和想法，给予对方充分的关注和回应。比如，在和朋友聊天时，保持眼神接触，适时点头表示认同，避免随意打断对方。表达自己的观点时，应力求简洁明了、条理清晰，并注意语气和措辞。

肢体语言同样重要。和人交流时，保持微笑，展现出友善和亲和力；挺直脊背，让自己看起来更加自信；适当地运用手势，增强表达的效果，但应避免过于夸张。

5. 寻求支持，不再孤单

克服社恐时，我们可以寻求亲朋好友的支持。把自己内心的感受和困扰告诉他们，他们会给予理解、鼓励和帮助。比如，参加聚会时，可以请朋友陪同前往以增强我们的信心，并让朋友在聚会中随时关注我们的感受。

心理学小知识

研究发现，每日咖啡因摄入量超过 100 毫克（约 1 杯拿铁）时，会显著加剧焦虑生理反应。这意味着，原本轻微的紧张感会因为咖啡因的作用而变得明显且难以控制。这种放大效应在社交场合中尤为突出，可能加重脸红、手抖、语无伦次等症状，让患者更加难以自如地与人交流。

撕掉社恐面具，拥抱真实的自我

在现代社会的人际交往中，社交恐惧症悄然啃噬着无数人的精神世界。我们需要的不仅是医学层面的认知，更是一场从思维到行动的自我救赎。

“幸运的人一生都被童年治愈，不幸的人一生都在治愈童年。”这句话点出了许多社交恐惧症的根源所在。

1. 打破“完美墙”，拥抱真实自我

在社交场合中，追求完美的心态会加剧焦虑情绪，使我们在社交中如履薄冰。其实，没有人能完全符合他人的期待，允许自己在社交中存在瑕疵，打破“完美墙”，能够有效减少自我否定。

社交焦虑者常常误以为别人时刻在关注自己的一举一动，事实上，大多数人更关注自身。我们可以通过心理暗示，将注意力拉回到当下，专注于自己的言行和感受，而不是过度在意他人的反应。

当出现诸如“我肯定会被嘲笑”等消极想法时，不要被其左右，而是用积极的自我对话来替代。正念疗法可以帮助我们觉察并调整这些自动化的负面思维，让我们在社交中更加从容。

2. 打造“社交护盾”，减少情绪波动

设定清晰的社交目标，如每周主动发起一次对话、每月参加一次社交活动等，将精力集中在实现目标上，而非纠结于他人对自己的评价。

训练“慢半拍”反应，在遇到质疑或批评时，给自己一些缓冲时间来思考。钝感力强的人能够迅速忘却不快，将挫折转化为前进的动力。

减少过度敏感的表现，屏蔽无效社交。停止过度关注他人的动态，定期清理社交圈，减少信息过载带来的焦虑。培养心理韧性，勇于表达自己的需求，即使被拒绝也无须自责。避免揣测他人意图，对模棱两可的社交信号，如对方的表情或语气，保持中立解读，避免负面联想。

3. 从行动中积累自信

从低压力的社交场景开始，如与熟人聊天，逐步挑战更高难度的社交情境，如公开演讲、参加大型聚会等。这种渐进式的暴露疗法能够帮助我们有效降低对社交恐惧的敏感度。

记录每次社交中的积极反馈，无论多么微小，积累成功体验以增强自信，形成正向循环。

积极参与兴趣社群或志愿活动，在合作中感受自身的价值。阿德勒强调，建立社会联系能够通过他人认可降低自卑感。

心理学小知识

社交钝感力指对外界负面评价保持低敏感反应的能力，使人专注自身目标而非他人看法。该能力可通过训练提升：拥有者能在遭遇批评或拒绝时快速进行心理调节，抽离负面情绪继续前行。

挣脱自卑枷锁，开启自信的社交

社交恐惧症并非不可战胜，只要我们勇敢地迈出第一步，挣脱伪装的枷锁，挣脱他人期待的束缚，积极采取行动，运用科学的方法进行自我疗愈，就一定能够逐渐走出社交困境，拥抱更加丰富多彩的人生。

法国思想家拉罗什福科公爵曾说：“我们太习惯向别人伪装自己，以致最后我们向自己伪装自己。”在社交的舞台之上，伪装似乎成了许多人难以摆脱的生存策略。对于社交恐惧症患者而言，这种伪装更是他们在社交世界里的“保护色”，用以抵御内心深处对社交的恐惧与不安。

1. 伪装是社恐的枷锁

在社交的舞台上，我们常常看到一些人戴着精心打造的面具，小心翼翼地应对着每一次互动，社交恐惧症患者尤其如此。对他们而言，伪装自己似乎成了一种本能反应，是自己社交中的“保护色”；但实际上却更像一副沉重的“枷锁”，将自己困在孤独与疲惫的牢笼之中。

2. 迷失在他人目光中

在社交的迷宫中，社交恐惧症患者往往容易陷入他人期待的陷阱，仿佛被缠缚在一个无形的茧中，一举一动都受到束缚，逐渐在他人的目光中迷失了真正的自己 。

3. 改变思维，接纳不完美

社交恐惧症患者往往存在一些不合理的思维模式，比如，过度在意他人的评价，总觉得自己会出丑，被别人嘲笑。这些想法其实大多是自己过度想象出来的，并非真实发生。我们要学会认识这些负面思维的不合理性，用积极的思维方式去取代它们。当我们又开始担心别人会怎么看待自己时，不妨问问自己："我真的有那么差吗？别人真的会那么在意我的小失误吗？"同时，我们也要接纳自己的不完美，每个人都有缺点。不要对自己过于苛刻，要相信自己即使不完美，也值得被接纳和喜欢。

正确的做法是接纳真实的自我，遵循内心的指引，并以适宜的方式融入社交活动。若试图通过伪装来博取他人的好感，则如同手持放大镜审视自我，过分苛求每一个细节，对自己的每个小错或不足都难以释怀，这样的心态只会加剧社交场合中的紧张与压力。

心理学小知识

社交能力的提升并非一朝一夕，它需要时间的沉淀和积累。在克服社交恐惧症的过程中，循序渐进是至关重要的原则。切勿强迫自己在短期内面对最高恐惧等级的情境，否则可能会适得其反，加重焦虑和恐惧感。相反，应根据自己的适应能力，合理调整前进的节奏。

同时，要以接纳的心态看待自己的进步。不要因为进步缓慢或出现反复而感到沮丧或自责。相反，应该看到自己的努力和成长，认识到每个微小的进步都是克服恐惧的重要一环。

重塑心智，跨越社交恐惧

认知行为疗法是一种实证支持的心理治疗方法，能够有效帮助个体克服心理障碍。它通过系统地调整思维模式，使我们以全新的视角看待社交场合中的自己与他人，同时在行为实践中逐步积累信心与力量，从而引领我们从恐惧的阴影中走出来。

唐纳德·梅肯鲍姆作为认知行为疗法的重要发展者之一，提出："改变认知可以产生期望的行为变化。"认知行为疗法（Cognitive Behavioral Therapy，以下简称 CBT）采用"认知调整 + 行为改变"的双重干预模式，帮助患者打破自我贬低、灾难化预测的思维定式，在安全环境中逐步积累成功经验，最终实现从"恐惧回避"到"自信应对"的转变。

1. 双重干预：打破恐惧的思维与行为定式

CBT 是一种结构化的、短期的、以认知为导向的心理治疗方法，由阿伦·贝克在 20 世纪 60 年代提出。其核心理念在于，心理问题往往源于个体对事件的不合理认知，而非事件本身。对于社交恐惧症患者而言，他们常常表现出负面的自动化思维和认知偏差，例如，认为"说错话会被嘲笑""必须表现完美才能被接受"等。这些不合理的信念阻碍了他们对社交情境的客观认知，进而引发焦虑和回避行为。

CBT 通过认知重组和行为干预相结合的方式，帮助患者克服这些障碍。在认知层面，治疗师引导患者识别并挑战负面思维，替代以更客观、合理的信念。在行为层面，通过暴露疗法和社交技能训练等手段，让患者在实践中逐步适应社交情境，减少恐惧反应。

2. 挑战负面思维：从识别到重组

第一步：识别不合理信念

CBT 的第一步是帮助患者觉察和识别在社交场合中自动涌现的不合理信念。这些信念往往具有灾难化、完美主义和过度自我关注的特点。

第二步：认知重组策略

一旦识别出不合理信念，接下来便是运用认知重组策略进行修正。

检验证据：引导患者客观分析其负面想法的现实依据。例如，回忆过去在类似社交场合中的经历，是否确实如自己所担心的那样被他人嘲笑或否定。

挑战灾难化思维：帮助患者认识到最坏的情况发生的可能性极低，即使发生，也并非不可承受。

行为实验：鼓励患者在实际社交情境中进行小规模的尝试，以验证新的、更合理的认知。

第三步：自我接纳训练

自我接纳是 CBT 中不可或缺的一环。许多社交恐惧症患者往往对自己要求过高，只关注自己的缺点和不足，而忽视了自己的优点和进步。通过自我接纳训练，患者学会全面地看待自己，认识到每个人都有优点和缺点，犯错是成长的一部分。

3. 行为干预：从暴露到技能训练

暴露疗法是 CBT 中最具特色的治疗方法之一，其核心在于让患者逐步地、反复地面对引发恐惧的社交情境，从而降低对这些情境的敏感度。

现实暴露是最直接的暴露方式。治疗师会与患者共同制订逐步暴露计划，从相对容易的社交任务开始，如与熟人进行简短的交流，然后逐步过渡到更具挑战性的场景，如在公共场合发言或参加大型聚会。每次暴露后，患者会发现实际情况并没有自己想象得那么可怕，恐惧感也会随之逐渐减轻。

对于一些在现实中难以立即实践的社交情境，想象暴露是一种有效的替代方法。患者通过想象自己处于这些情境中，并运用在认知重组中学到的技巧来应对，为将来的实际接触做好心理准备。

此外，长期的社交回避往往会导致患者社交技能的生疏，而社交技能训练正是针对这一问题设计的。通过角色扮演、模仿和反馈等方法，患者可以学习并练习诸如眼神交流、话题引导、倾听回应等基本社交技巧。

4. 巩固效果：成为自己的疗愈师

当患者通过认知调整和行为干预，在克服社交恐惧方面取得一定成效后，巩固阶段性成果，防止症状反弹就成了关键任务。

此阶段运用的策略，旨在将治疗期间学到的应对技巧，转化为日常生活中的习惯性行为。

心理学小知识

认知行为疗法在心理治疗领域具有独特的地位，与其他疗法形成鲜明对比。与精神分析不同，CBT 聚焦于当前的症状和问题，而不是深挖童年经历。它强调通过具体技巧主动干预，帮助患者改变负面思维和行为模式，而不是单纯依靠患者的内省。此外，CBT 更依赖实证支持，其方法和效果经过了大量研究验证。

相比单纯行为疗法，CBT 不仅关注行为的改变，也重视认知的矫正。通过调整思维模式来促进行为的改善，从而形成良性循环。这种综合的方法使得 CBT 在治疗社交恐惧症等多种心理障碍时，展现出显著且持久的疗效。

社交场合像随时会破碎的玻璃罩，连呼吸都要小心翼翼……

你的大脑把“社交”识别成了“丛林冒险”。

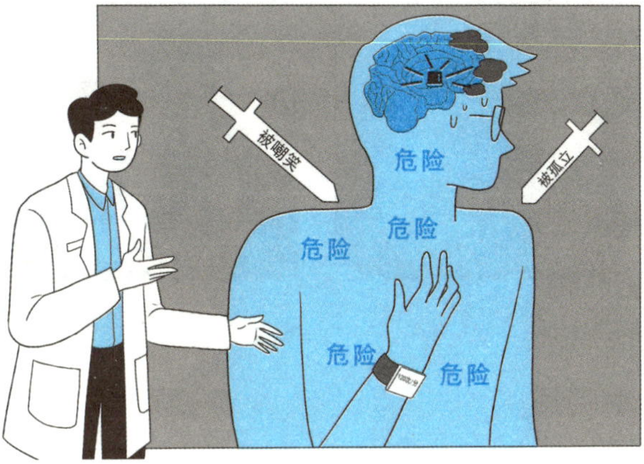

把恐惧拆成“可量化的阶梯”，你会发现它没那么庞大。

最小的“主动”，也是打破恐惧循环的锤子。

社交能力像肌肉，越练习越有力量。

恐惧不会消失，但你可以学会和它“并肩走”。

第三篇 自我重建心理学

第一章

自卑的蜕变之旅：从“我不配”到“我值得”

阿德勒说：“自卑感是人类进步的阶梯。”但当阶梯变成困住我们的深井，那些“我不够好”“我不配”的声音，就成了心灵的枷锁。觉得自己“配不上”的背后，可能藏着童年被忽视的渴望；害怕表达观点的瞬间，或许源自某次被嘲笑的创伤。

剖析心灵阴影的本质

自卑，宛如心灵深处的一道裂痕，悄然侵蚀着我们的自信与从容。它是一种对自我价值的深度否定，一种难以言说的心理困境。

在生活中，自卑如同一位不速之客，悄然潜入各种情境与心境之中。有人心中满是对自身外貌的挑剔与不满；有人则因经济能力或社会地位的差距而深陷焦虑；还有人面对学识渊博、才华横溢之人，顿感自己如白纸般空虚与苍白。更微妙的是，有些人表面上高傲冷漠，对他人不屑一顾，仿佛自己高人一等，实则内心极度自卑。

1. 自卑与自傲：同一心理的双面镜

心理学研究表明，自傲者习惯用“凡尔赛文学”掩饰脆弱，而自卑者会通过反复推辞晋升机会来逃避评价。自卑者常将同事的耳语误读为嘲笑，自傲者易把客户的正常质疑视为挑衅。自卑引发的退缩阻碍能力提升，自傲驱动的虚假人设需要持续消耗资源来维持。例如，有位创业者白天在商业论坛侃侃而谈“亿元估值”，深夜却因看不懂财务报表请大学生当家教。这种恶性循环最终会耗尽心理能量。

真正健康的自我认知如同太极图的阴阳流转：既能坦然接受自身的能力局限，也可从容展示自身的优势特质。某位心理学家的比喻尤为精妙：“自卑与自傲是心理免疫系统的两种抗体，关键不在于消灭某种反应，而是保持防御机制的弹性阈值。”

2. 自卑的多重面孔：从童年到成年

阿尔弗雷德·阿德勒幼时因驼背与身形矮小，在健康强壮的哥哥面前始终感到自卑。五岁时，一场与死神擦肩而过的肺炎经历，却让他萌生“成为医生治愈他人”的志向。这种将创伤转化为动力的心理机制，正如他后来提出的“补偿理论”：人类会通过发展其他能力来弥补自身缺陷。

在动物园观察到的三个孩子，完美诠释了人类应对自卑的不同面具：躲在母亲身后的孩子，表面上怕狮子实则恐惧失控的人生；对狮子挥舞拳头的孩子用虚张声势掩盖内心的脆弱；想朝狮子吐口水的孩子则试图用非常规方式获取存在感。这些反应看似各不相同，实则都是对自身渺小感的应激反应。

当我们还是襁褓中的婴孩时，离开大人就活不下去的无助感，构成了自卑的源头。但真正让自卑这颗种子长成荆棘的，往往是父母无意识的“施肥”：总拿“别人家孩子”作比较，会让孩子觉得自己永远不够好；频繁更换生长环境的孩子，成年后社交恐惧的概率明显高于普通孩子。总被父母说“这都不会”的孩子，长大后面对挑战时总会下意识地退缩。

阿德勒用一生证明了自卑可以成为成长的跳板。那些在家长群拼命晒孩子奖状的妈妈，如果意识到自己的焦虑源自童年缺失的认可，就能停止把自卑传给下一代。当我们学会正视畏缩、逞强、找碴这些自卑信号，就能看清内心真实的模样。毕竟，真正困住我们的从来不是自卑本身，而是如何看待它的眼光。

心理学小知识

阿德勒认为，自卑感是人类行为的重要驱动力之一，且普遍存在于每个人的童年时期。如果这种早期的自卑感未能得到正确处理，则可能会伴随个体一生，进而影响其行为模式和心理健康。然而，自卑感并非全然负面，它能否成为促使人寻求补偿、自我提升的动力，关键在于个体如何应对这种感觉：是选择积极的补偿机制，如努力提升自我、培养社会兴趣等；还是陷入自卑情结，将自卑感当作某种借口，甚至发展出优越情结，以虚假的优越感来掩盖内心的自卑。

重塑自我价值的旅程

“我不配”这三个字，如同心灵深处的一道枷锁，将我们困在自我怀疑与否定的牢笼中。这种心态恰似一堵无形的墙，阻碍着我们追求梦想、接受美好。它会让我们在机会面前退缩，在幸福降临时犹豫，甚至在本该庆祝的成功时刻，心里依旧惴惴不安。

“人应尊敬他自己，并应自视能配得上最高尚的东西。”黑格尔的这句名言，深刻揭示了自我尊重与价值认同的重要性。

1.“我不配”的日常模样

“我不配”是一种内心深处的自我否定和自我怀疑。它可能在爱情中表现为拒绝他人的好意，也可能在事业中体现为对机会的退缩。这种心理现象看似微不足道，却可能在不知不觉中摧毁幸福和成功。

这种心态本质上是一种低配得感的表现。它来源于过往经历、外部评价，甚至是潜意识中的自我设限。即使在现实中取得了不错的成就，内心的自我怀疑依然如影随形，使其难以享受成功的喜悦。

2.“我不配”心理的根源

这种“我不配”的心态并非凭空产生，它往往与我们的成长经历和原生家庭有着千丝万缕的联系。在父母极度严苛的家庭中成长的人，易形成低自我价值感，难以相信自己值得被爱，“我不配”这种心态就种植在了他们的心中。这样的人会本能地使用攻击对方的方式来维护自尊。

3. “我不配”心态的破坏性

“我不配”的心态不仅会阻碍一个人的幸福，还可能对生活中的方方面面产生破坏性影响。

在情感关系中，这种心态会让人本能地抗拒他人的好意。小兰是一个表面坚强、独立的女性，她的男友对她很好，经常送她礼物，还会很贴心地关注她的感受。但这一切并没有给小兰带来快乐，反而让她产生了很大的压力。她感觉自己承受不起这样的关怀，于是主动提出AA制，收到礼物后也会很快回赠他一个价值差不多的礼物。这种相处方式让男友感到不舒服，认为小兰给人一种疏离感，甚至质疑她是否真的喜欢自己。最终，男友减少了与她的互动，这让小兰非常慌乱。她知道自己有问题，但不知道问题在哪里，只是本能地无法接受别人对自己太好。

为什么会如此呢？小兰的内心有着强烈的“不配得感”。这种“不配得感”让她在接受别人的好意时会本能地抗拒，因为她已经习惯“我不配拥有”的自我认定。这是一种很危险的内在信念，因为一旦内心有了这样的自我认定，就会觉得自己只配拥有不好的生活及不好的人生。

4. “我不配”心态的本质

“配得感”是指一个人内心深处对自己是否值得拥有某种事物的信念。配得感高的人，能够坦然接受生活中的美好事物，相信自己值得拥有幸福、成功和爱；而配得感低的人，即使外在条件再优秀，内心也总是在怀疑自己，甚至会主动推开美好的事物。

“我不配”的心态本质上是一种低配得感的表现。这种心态往往源于过去的经历和他人的评价。例如，小雅的父亲对她的贬低和忽视，让她从小就认为自己不值得被爱。这些负面的经历在她的潜意识中形成了“我不配”的信念，并在成年后继续影响他们的行为和选择。

5.“我值得”自救指南

要扭转低配得感的局面，拥有高配得感的人生，可以从以下几个方面入手。

理解自己，接纳真实的自己。低配得感往往与过往经历有关。要改变这种心理，首先要理解自己，梳理自己的成长经历，找出那些影响自我认知的关键事件和人物。

以小雅为例，她通过回忆童年和父亲的相处模式，梳理父亲的评价如何影响了她的自我认知。当意识到这种影响后，就能理解“我不配”的想法并非客观事实，而是一种被灌输的错误信念。理解了这一点，她就能开始接纳真实的自己，不再被过去的阴影所束缚。

不断给自己积极的心理暗示——“我值得”。如果成长过程中缺乏积极的心理建设，我们就需要学会自我肯定。积极的自我暗示能够激发我们的潜力和自信心，帮助我们重塑自尊和自信。

在日常生活中，可以通过以下几种方式给自己积极的心理暗示：

每天对自己说三句肯定的话，如“我值得拥有幸福”“我有能力实现自己的目标”“我是一个值得被爱的人”；用积极的词汇描述自己，如“我可以”“我正在努力”等，避免使用“我不行”“我不够好”等负面词汇。给自己设定一些小目标，如完成一个项目、学会一项新技能等，每达成一个目标，就给自己一个小小的奖励，庆祝自己的成功。

“成功日记”是一种非常有效的自我肯定工具。它可以帮助我们记录自己的闪光点和成就，让我们在回顾时感受到自己的价值。当我们不断地看到自己的美好和成就时，就会越来越喜欢自己。即使是很小的事情，都可以为自己骄傲。即使是看似微不足道的成就，也是我们值得被爱、被尊重的证据。

心理学小知识

约拿情结，由美国著名心理学家马斯洛提出，它来源于心理动力学理论上的一个假设："人不仅害怕失败，也害怕成功。""约拿情结"的命名源自《圣经》中的一个故事。约拿是一位虔诚的犹太先知，一直渴望得到神的差遣。然而，当神真的派遣他去宣布赦免一座本应被毁灭的城市——尼尼微城时，约拿却选择了逃避。他抗拒这个任务，甚至四处逃亡。最终，在经历了一系列的磨难后，约拿完成了使命，但他内心却充满了矛盾与挣扎。马斯洛借用这个故事，提出了约拿情结的概念，用以描述那些渴望成长却又因内心恐惧而逃避成长的人。

实现自我和解的蜕变

在日常的心理咨询中，咨询师们常会遇到那些被自我否定的念头折磨得疲惫不堪的人。他们如同被困在一座无形的牢笼中，无论外界给予多少肯定和鼓励，他们内心始终有一个声音在无情地否定自己。这种自我否定不仅消耗着他们的能量，更让他们在生活的道路上寸步难行。

我们最大的敌人不是外界的困难，而是内心的恐惧和犹豫。

1.“我不好”的内心审判

小敏的自我否定源于她童年的经历。从小，父亲就希望她在学业上出类拔萃，每次考试成绩稍有不如意，父亲就会严厉批评她：“你怎么这么笨？这点儿题都不会做！”久而久之，小敏的内心深处住进了一个严厉的“内在批评者”。这个“内在批评者”时刻盯着她的一举一动，稍有差池就会跳出来指责她，这让她在成长过程中始终感到不安和自卑。

小敏的自我评价标准几乎完全来自父亲的期望。她认为自己必须在学业上取得优异成绩，才能证明自己的价值。这种单一的评价标准让她忽略了自己在其他方面的优点，比如绘画天赋、善良的性格和出色的组织能力。“我必须考第一，我必须让爸爸满意。”小敏这样告诉自己。然而，这种不合理的标准让她始终生活在压力之下，稍有挫折就会陷入自我否定。

小敏的内在批评者还与她自身的成长经历有关。从小到大，她总是将自己与身边的优秀同学进行比较，觉得自己在各方面都不如人。这种比较让她逐渐形成了一个消极的自我认知：“我永远都不够好。”

这种内在批评者的存在，让小敏在面对困难时，总是习惯性地责备自己，而不是寻找解决问题的方法。比如，在毕业设计中遇到难题时，她不是去思考如何解决，而是陷入自我否定：“我太笨了，我根本就做不到。”

2. 打破自我否定的循环

要打破自我否定的循环，首先要分辨内在批评者的声音。因为这个批评者非常隐蔽，它的声音常常与我们的想法混淆在一起，很难被单独察觉。因此，我们需要特别留意自己的内心独白，尤其在犯错、被人批评、被人排斥时。

小敏开始尝试改变，当她再次感到焦虑和自我否定时，她会停下来，仔细聆听内心的声音。她发现，那个批评者总是在她最脆弱的时候出现，用最尖锐的话语攻击她：“你又做错了，你永远都做不好。”但这次，她没有像以前那样被这些话语打败，而是开始尝试与它对话。

“我知道你在，但我并不需要完全听从于你。”小敏这样回应自己的内在批评者。通过这种方式，她逐渐学会了识别和应对内在批评者的攻击。

其次，改写“差评剧本”。当内在批评者再次出现并抨击我们时，避免直接陷入自我否定的情绪，而要把他看成一种提醒和帮助。比如，“我真的是太失败了”这句话在我们心里反复出现时，不妨停下来思考一下：这些所谓的“评价标准”是否来自外界和长辈？它是否客观、合理、不可改变？

小敏的内在批评者告诉她，她是一个失败者，因为她没有达到父亲的期望。但当进行深入分析时，她意识到这个评价标准其实并不合理。一个人的价值不应该仅仅取决于学业成绩，而更在于全面发展和内在成长。通过质疑与反思，小敏逐渐意识到，内在批评者的出现其实是一个提示，提示她应该调整自己的评价标准，减少自我苛责。

她开始重新审视自己的目标，不再追求完美，而是接受自己的不完美。她告诉自己：“我可以努力做到最好，但我不需要做到完美。”

再次，设置“防御界限”。当内在批评者再次出现时，我们可以尝试培养一种条件反射性的回应。例如，当内在批评者说“你这么无趣，别人不会喜欢你”时，你可以立即回应：“你又来了，我看到你了。但我不会被你打败。”这种回应可以帮助你中断内在批评者的攻击，减少负面情绪的影响。

小敏也开始尝试这样做。当她的内在批评者再次出现时，她会停下来，深呼吸，然后对自己说：“我知道你在，但我不需要听你的。我有自己的价值，我有自己的优点。”通过这种方式，她逐渐学会了不再被内在批评者牵着鼻子走，而是选择走向另一个更积极的思维方向。

最后，强化积极反馈。我们可以温柔地对自己说：“我又一次保护了自己，这次我没有让自己受到伤害。我越来越有觉察力了，我越来越能照顾自己了，我越来越有力量了，我越来越棒了！”

小敏也开始这样做了。每当她成功地中断内在批评者的攻击后，她会对自己说：“我做到了，我没有被它打败。我值得被爱，我值得拥有幸福。”通过这种方式，她逐渐认可自己，提高了自信心。

3. 三步迈向自我接纳之途

在我们的生活中，很多人深受“我不够好”这种念头的困扰。他们总认为自己不够优秀，不够完美。但事实上，这种自我否定的根源在于其内心深处的内在批评者，以及那些不合理的自我评价标准。

要打破这种自我否定的循环，我们需要学会自我接纳。自我接纳并不意味着放弃努力，而是学会接受自己的不完美，认识到自己的价值不仅源于外在的成就，更在于内在的成长和进步。

要接受自己的进度，努力完成每一个小目标，告诉自己：“我可以不完美，但我可以努力。”

我们还需要重建积极的自我认知。这意味着我们要学会看到自己的优点和长处，而不是只盯着缺点和不足。尝试记录自己每天的成就，无论大小，都写下来。通过这种方式，我们可以看到自己的价值。“我其实有很多优点，只是我一直没有发现。”要这样告诉自己。并且尝试用积极的眼光看待自己，而不是被内在批评者的声音所左右。

最后，我们需要学会与内在批评者和解。内在批评者虽然让我们感到痛苦，但也提醒我们关注自身不足，从而努力改进。与其完全否定它，不如学会与它对话，让它成为我们成长的助力，而不是阻力。

通过这种方式，小敏逐渐学会了与内在批评者和解，而不是被他打败。

“我不好”这种自我否定的念头，是我们内心深处的阴影，但它并不是不可战胜的。通过挖掘内在批评者、调整评价标准、养成积极的回应方式以及增加对自己的认可，我们可以逐渐打破自我否定的循环，走向自我接纳和成长。

心理学小知识

我们需要找到解读自我内心世界的钥匙，当处于儿童状态时，我们内心的“弱小、无助”感往往源于童年时期的经历。那时，我们如同一张白纸，父母的行为和态度在上面留下深刻印记。如果父母过度控制，我们可能会感到自己的自主性被压抑，渴望自由却无力反抗，从而形成一种无助感。而情感忽视则让我们感到自己不被重视，内心的孤独感和不安全感会逐渐积累。这种儿童状态的残留，可能在成年后依然影响着我们的行为和决策，让我们在面对困难和挑战时，容易产生退缩和依赖的心理。

修正内部语言的指南

在社交媒体滤镜与成功学叙事交织的时代，自卑如同无形的丝线，悄然缠绕着无数颗渴望绽放的心。它未必源于真正的不足，却常因过度比较而扭曲——职场新人因一次口误否定自身能力，容貌焦虑者在修图软件里迷失真我，完美主义者也会困在“还不够好”的自我审判中。

自卑的本质，是对自我价值的系统性误判。当大脑陷入“我不够好”的循环时，杏仁核会劫持理性思维，导致我们更容易记住失败经历，并放大他人的负面反馈。

1. 心灵暗语：内部语言加剧自卑困局

内部语言是外人无法听到的自我对话。它虽然在我们的心中悄然进行，却对我们的心理状态和行为模式产生深远影响。这些内心独白如同无形的背景音乐，时刻影响着我们的情绪和行为。

内部语言的情绪影响。我们的内部语言有着不同的情绪色彩。积极的内部语言能让我们感到自信和愉悦，而消极的内部语言则会引发焦虑和恐惧。这些消极的内部语言如同一台不断播放负面信息的收音机，刺激着我们产生相应的情绪，进而影响我们的社会交往和行为表现。

相互冲突的内部语言与内耗。通常情况下，我们的内部语言并不是单一的，而是存在多个“频道”。这些频道之间可能会相互冲突，导致我们陷入极度内耗的状态。

例如，一个鼓励的声音说道：“你一定能完成这个任务。”但同时，另一个声音会反驳：“你这是自欺欺人！你根本做不到，何必硬撑？”这种相互冲突的声音会让我们陷入两难的境地，不知道该听从哪一个。

如果主流的声音是消极的，如“我不行，我能力很差”，而非主流的声音是积极的，如“我不甘心这样放弃，我还是想试一试”，经过几次较量，主流声音往往会占据上风。久而久之，消极的声音会越来越强大，而积极的声音则逐渐被压制。于是，我们就会变得越来越颓废、沮丧和自卑。

2. 破局自卑困境：以内部语言重塑为突破口

提高自我觉察：成为自己的观察者。摆脱内耗的关键在于提高自我觉察，学会观察自己的内部语言。正念疗法中的“观察法”要求我们像观察天空中的云朵一样观察自己的想法，不干预、不评判，只是静静地观察。

观察自己的想法如何变化，在这个过程中，保持静默，不干预、不评判、不阻止，也不投入，允许这一切自然发生。作为稳定的观察者，我们要将这些不断变化的想法和念头尽收眼底。当我们的觉察能力越来越强时，会发现自己不再轻易被某个想法左右，而是能够掌控全局。我们的格局会变大，不再被单一的想法所束缚，反而成为想法的主人。

关闭情绪干扰：调节自己的情绪电台。在掌握了观察法之后，我们可以进一步调控自己的内部语言，为自己的情绪电台调频。重要的是要明白，我们不是那个被消极声音控制的“收音机”，而是可以控制收音机的“主人”。

当消极的内部声音再次出现时，我们要温柔地告诉自己：“我知道这些想法又来找我了。”然后，让自己行动起来，做一些别的事情。例如做家务、出门散心。行动是打断胡思乱想最快最好的方法。

学会关闭旧的频道之后，就可以练习打开新的频道了。我们的大脑就是一个收音机，调频的控制权掌握在自己手中。我们可以选择收听积极的频道，让自己的内心充满正能量。

多做赋能练习：用积极语言照亮自己。消极的内部语言会让我们陷入低能量的自卑陷阱，而积极的内部语言则可以成为照亮我们的阳光。我们要学会重塑自己的内部语言，将那些消极的话语转化为赋能式的表达。

以下是一些赋能练习的方法：

* 看到的事实 + 品质（树立自信）

例：亲爱的自己，你今天一上午都在认真工作，你是一个专注且努力的人。

* 带来成就感的事件 + 感受引导（感受自我）

例：亲爱的自己，你成功地完成了这个项目，虽然没有得到表扬，但你已经很棒了。

* 事件 + 感谢（尊重）

例：亲爱的自己，你这一周工作很辛苦，还照顾了家人，你为这个家庭付出了很多，谢谢你的付出。

* 无条件地信任（支持）

例：亲爱的自己，虽然今天和同事的沟通有点儿不愉快，但你可以尝试新的沟通方式，我相信你可以做到。

3. 自我定义：从自卑到自信的蜕变

消极的内部语言如同隐形的枷锁，限制着我们的成长和发展，让我们陷入自我怀疑和自卑的旋涡。

通过提高自我觉察，我们可以跳出棋子的视角，成为自己的观察者；通过关闭情绪干扰，我们可以为自己的情绪电台调频；通过多做赋能练习，我们可以将消极的内部语言转化为积极的赋能式表达。

当然，改变不是一蹴而就的，而是一个持续的过程。我们需要耐心地与自己对话，学会观察自己的想法，而不是被这些想法所左右。通过赋能练习，我们可以逐渐看到自己的优点和价值，摆脱自卑的困扰，走向自信和成长。

我们要意识到，我们不是那个被消极声音左右的棋子，而是掌控自己情绪和生活的棋手。我们的内心语言，由自己来定义。

心理学小知识

在心理学的视野中，时间与行动是治愈创伤、打破思维循环的双翼。时间以其不息的流转，抚平心灵的创伤，给予个体自我修复与成长的空间；而行动，则是那把锋利的剑，斩断束缚思维的枷锁。正如研究表明，行动能推动自我超越，正如跑步者通过坚持突破极限，让我们以行动直面问题，实现个人成长。

让自卑推动自我成长

在人类文明的基因图谱中，自卑是镌刻着进化密码的特殊存在。它既像深海暗流般侵蚀着自我价值感，又如同火山熔岩般积蓄着突破地壳的能量。当婴幼儿凝视父母的伟岸时，当运动员丈量天赋的极限时，当创作者触摸理想的边界时，自卑感便化作文明进步的阶梯。

德国哲学家弗里德里希·尼采有句名言："那些杀不死我的，必使我更强大。"自卑的本质，实则是生命对完美的原始渴望与不懈追求。这种渴望，源自人类天生对美好事物的向往，以及自我提升的本能冲动。然而，当现实与理想产生差距时，这种渴望便可能转化为自卑感，让人在自我审视中感到不足与失落。但正是这份对完美的追求，成为推动我们不断前行、努力成长的动力源泉。

1. 把自卑变成向上的反推力

自卑感在某些情况下确实能起到积极的作用，它可以成为推动人成长的原动力。对于婴幼儿来说，他们看到父母无所不能，处处优于自己，便会产生自卑感。这种自卑感促使他们渴望成长，在学习走路、说话等基本技能的过程中，逐步提升自身能力。正是以这种内在的自卑作为驱动力，推动着他们不断地自我发展。

自卑感在生活中普遍存在。当面对他人的优秀时，许多人都会感到自卑，但这种情绪并非全然消极。它可转化为努力的动力，促使我们提升自我，将他人的优点视为努力学习的目标，激励自身进步。

2. 自卑的接纳与超越

自卑本身并不可怕，可怕的是将其作为消极逃避的借口。唯有当我们学会接纳自卑，才能真正超越它。接纳自卑，首先需要我们正视自身的不足之处，而非逃避或否认；其次我们应当从中汲取成长动力，将其转化为积极向上的力量；最后我们要通过实际行动提升自我，逐步克服自卑。

在接纳自卑的过程中，我们还需要学会自我肯定和自我鼓励。我们要相信自己的能力，相信自己可以通过努力来改变现状。同时，我们也要学会欣赏自己的优点，避免过度聚焦缺点。

接纳自卑的方法有很多。我们可以尝试与他人交流和合作，在互动中，可以学到很多新的知识和技能，也可以获得很多支持和鼓励；还可以通过自我反思来接纳自卑，更好地了解自己的不足，找到改进的方法；或发现自己的优点，增强自信心；还可以通过设定目标来接纳自卑，让我们有明确的方向，也可以让我们在实现目标的过程中获得成就感。这些方法都有助于我们克服自卑，实现自我超越。

心理学小知识

心理学研究发现，每天记录三个优点、设定可完成的小目标，能刺激大脑前额叶和纹状体建立新连接。就像玩闯关游戏，每完成一个小任务，大脑就会奖励自己“我能行”的信号。这种正向反馈持续一段时间后，能增强大脑的积极认知通路，帮助建立更稳定的自我价值感，相当于给大脑装上“升级补丁”。

那些年，我用别人的尺子丈量自己。

那些被忽视的“微小肯定”，正在撕开认知的裂缝。

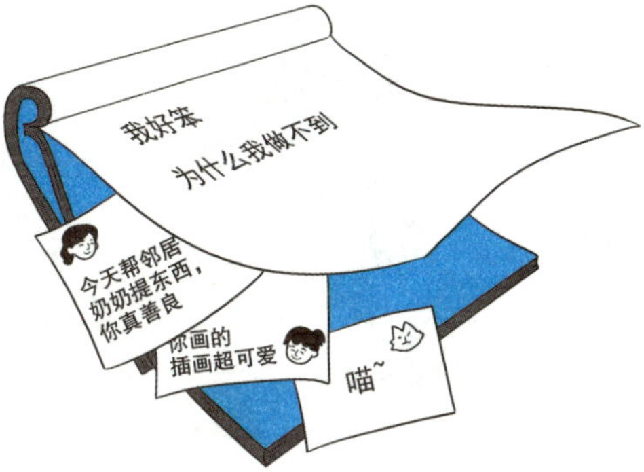

当你开始用新的视角观察自己，世界就变了。

你不是“缺陷集合体”，而是散落星辰的拼图。

当你成为自己的“聚光灯”，他人的评判就失去了重量。

自卑不会消失，但你学会了与它共舞。

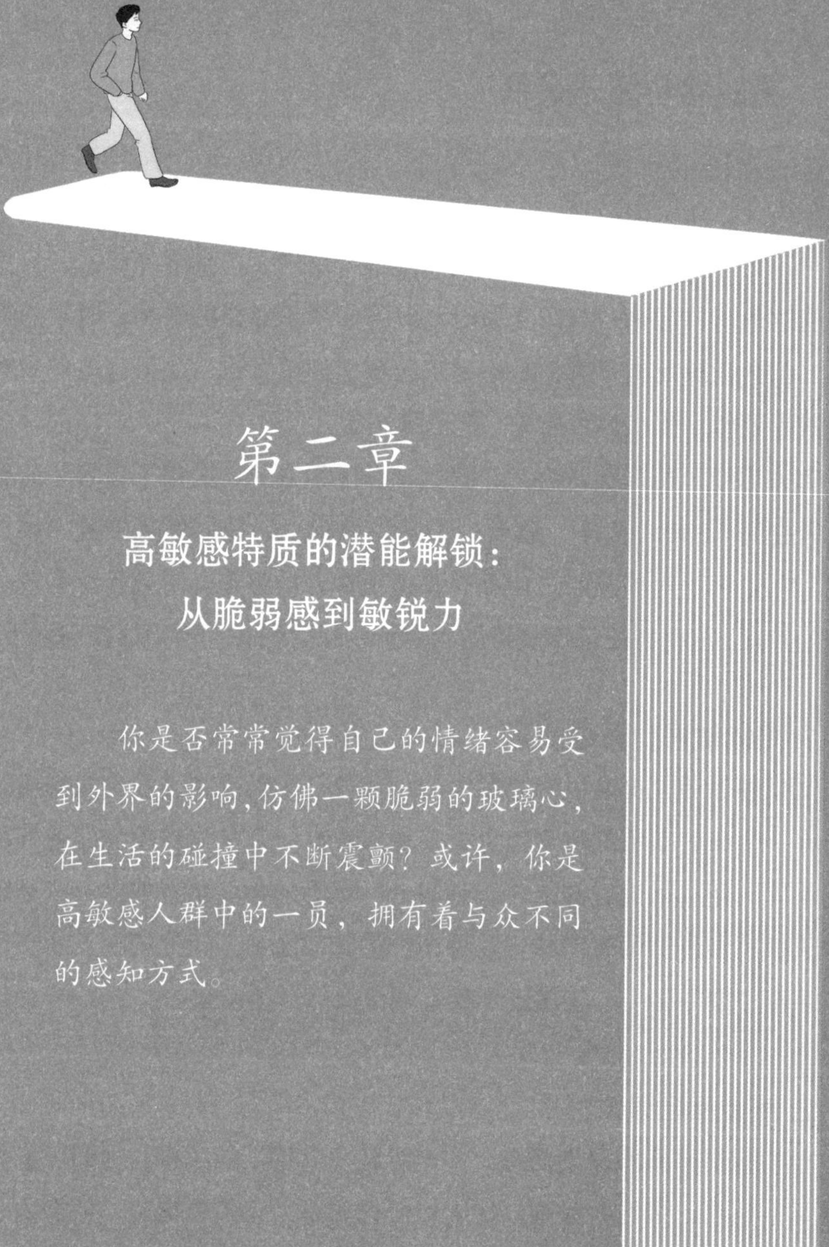

第二章

高敏感特质的潜能解锁：从脆弱感到敏锐力

你是否常常觉得自己的情绪容易受到外界的影响，仿佛一颗脆弱的玻璃心，在生活的碰撞中不断震颤？或许，你是高敏感人群中的一员，拥有着与众不同的感知方式。

高敏感特质不是病

你是否经历过这样的时刻：在热闹的聚会中，感到格外疲惫，只想找个安静的角落躲起来；与人交谈时，对方一个不经意的眼神、语气的细微变化，都会让你反复琢磨，是不是自己哪里说错了话。如果这些场景对你来说并不陌生，那么你可能是一名高敏感者。

弗吉尼亚·伍尔芙认为："我们看世界的方式，决定了世界如何看我们。"在每5—6个人中，就有一个是高敏感者，他们像是带着一副"放大镜"在生活，对周围的一切都有着超乎常人的感知。高敏感者有着一些显著的特征，这些特征就像独特的"标签"，让他们在人群中显得与众不同。

1. 感知敏锐，见微知著

高敏感者像是拥有一台高精度的扫描仪，能捕捉到环境中最细微的变化。在一个布置温馨的咖啡馆里，其他人或许只是享受着咖啡的香气和轻松的氛围，而高敏感者却能注意到墙上一幅画的角度稍有偏差，或是服务员今天换了一种新的香水味。这种超强的感知能力，让他们在人际交往中就像一个"读心者"，能敏锐地察觉到他人的情绪变化。

2. 情绪反应强烈

他们的情绪体验深刻而持久。当听到一个感人的故事，他们可能会忍不住热泪盈眶，情绪久久难以平复；而遇到不公正的事情时，他们内心的愤怒如同熊熊烈火，比其他人更加难以抑制。在看一部悲伤的电影时，旁人可能只是轻轻感叹几句，高敏感者却会完全沉浸其中，仿佛自己就是电影中的主角，感受着角色的痛苦与悲伤，电影结束后，那些情节和情绪还会在他们心中久久回荡。他们不仅对自己的情绪反应强烈，还很容易被外界的情绪所感染，周围人的快乐能让他们也跟着开心起来，而他人的悲伤也会迅速传递给他们，让他们的心情变得沉重。

3. 深度思考，善于洞察

高敏感者的思维就像一把锐利的手术刀，倾向于对各种问题进行深入剖析。当讨论社会热点事件时，他们不会只停留在表面现象，而是会深入思考事件背后的原因、影响以及可能引发的连锁反应。他们能从一些看似平常的细节中洞察到事物的本质，就像从一滴水中看到整个海洋。这种洞察力使他们在解决问题时总能提出独特的见解。

在日常生活中，高敏感者常常被一些误解所困扰，这些误解就像一层厚厚的迷雾，掩盖了他们真实的一面。我们需要拨开这层迷雾，探寻关于高敏感者的真相。

误解一：玻璃心，脆弱不堪

很多人认为，高敏感者就像易碎的玻璃，内心脆弱无比，一点小小的刺激就能让他们受伤。但事实并非如此，高敏感者对情绪的感知确实更加敏锐，他们能捕捉到别人难以察觉的细微情绪变化，也更容易被外界的情绪所感染，但这并不意味着他们内心非常脆弱。相反，正是因为他们对世界有着更深刻的感受，所以在面对困难和挫折时，往往有着更强的韧性和适应能力。他们就像一棵在狂风中摇曳却屹立不倒的大树，虽然枝叶会被吹得凌乱，但根基却无比稳固。

高敏感者强烈的情绪反应，是他们内心丰富情感的体现，而不是脆弱的表现。他们对美好事物的感知更加深刻，对他人的痛苦也拥有更强的共情能力。当他们因为一部感人的电影而落泪，或者因为朋友的困境而忧心忡忡时，这正是他们内心善良和柔软的证明。在面对生活的挑战时，他们可能会比其他人更容易感到痛苦和焦虑，但同时，他们也会更努力地去寻找解决问题的方法，凭借着自己的智慧和毅力，去克服困难。

误解二：不合群，内向孤僻

人们常常将高敏感者等同于内向者，认为他们不喜欢社交，总是独来独往，性格孤僻。但这其实是一个误区。内向者更倾向于独处以获取能量，社交会让他们感到疲惫。而高敏感者虽然也需要独处来恢复精力，但他们并不排斥社交，只是对社交的质量有着更高的要求。

高敏感者在社交中往往更加谨慎，他们不会轻易地参与到热闹而缺乏深度的社交场合。他们更渴望与他人建立深层次的情感联结，进行有意义的交流。在与志同道合的朋友相处时，他们也能展现出热情开朗的一面，分享自己的想法和感受。他们就像一颗珍贵的宝石，虽然不轻易示人，但一旦遇到懂得欣赏的人，就会绽放耀眼的光芒。

如果你开始怀疑自己可能是高敏感者，那么可以通过高敏感者量表来进一步确认。高敏感者量表的结果解读需参考专业指导，通常总分偏高（如高于常模均值）可能提示高敏感特质。

心理学小知识

高敏感并不是一种缺陷，而是上天赐予的独特礼物，我们要学会接纳并拥抱自己的高敏感特质。当你因为自己对事物的强烈情绪反应而感到困惑时，不妨换个角度看，这恰恰说明你拥有一颗细腻而丰富的心，能够感受到生活中那些被他人忽略的美好与温暖。当你在社交场合中感到疲惫，不要强迫自己去迎合他人，而要给自己留出足够的独处时间，在宁静中重新找回内心的平衡。

高敏感特质的感知潜能

高敏感者的神经系统如同精密的激光雕刻仪，既能聚焦成摧毁性的能量束，也能发散为治愈性的光芒。他们需要将感官过载转化为创作燃料，把情绪共振升华为共情智慧，让思维反刍沉淀为认知深度，将直觉跳跃转化为创新突破。

有观点认为："知识的获取始于感官对世界的感知。"高敏感者的神经系统堪称自然演化的杰作。他们的大脑前额叶皮层对刺激的反应比常人更敏感，能感知到周围的更多细节。不仅如此，他们的镜像神经元活跃度也更高，这意味着他们能更敏锐地感知他人情绪，仿佛天生带有"心灵感应"技能。凭借独特的神经系统，高敏感者构建起人类感知系统的"增强现实层"。

1. 敏锐的感知力：捕捉世界的细腻笔触

走进一位高敏感者的世界，就如同踏入一个细腻入微的感知殿堂。在一片繁花似锦的花园中，他们能嗅出不同花卉散发的气味层次，是玫瑰的浓艳，还是茉莉的清幽，甚至能捕捉到空气中那股雨后青草的芬芳；而在一场聚会里，他们能敏锐地察觉到某个角落里朋友心情的低落，尽管对方脸上还挂着礼貌的微笑，眼神中的那一抹黯淡却无法逃过他们的心灵感知。

这样的感知力天赋，使他们成为艺术创作领域的天生宠儿。画家可以通过细腻的笔触，将自然景物的光影变幻、色彩情感完美地呈现在画布之上，让观赏者仿佛置身于画中，感受到微风的轻抚、阳光的温暖；音乐家能够捕捉到音符之间的情感起伏，用旋律传递出喜悦、忧伤、激昂等丰富的情绪，触动人们内心最柔软的角落。

2. 深刻的洞察力：拨开迷雾见真相

高敏感者具有深刻的洞察力。他们擅长运用敏锐的观察力与深刻的思考能力，透过纷繁复杂的表面现象，直击事物的核心本质，在分析与策划方面展现出令人钦佩的卓越才华。

面对复杂问题时，当众人还流于对表面信息的整理与分析，高敏感者已经开始深入挖掘问题背后的潜在因素。他们就像一群在迷雾中前行的探险家，凭借自己内心的指南针，迅速把握事物的关键脉络。

这种深刻的洞察力源于他们对世界的深度思考。高敏感者往往拥有一颗热爱探索的心，他们不会满足于对事物的浅层认知，而是会持续追问为什么，不断地挖掘更深层次的原因与意义。

3. 温暖的共情力：搭建心灵沟通的桥梁

高敏感者的心灵，宛如一座温暖的港湾，散发着令人心安的气息。他们拥有着温暖的共情力，能够设身处地地理解他人的需求和感受。

当一个孩子在学习中遇到困难，情绪低落时，高敏感的老师不会只关注成绩的下滑，而是能够敏锐地察觉到孩子内心的压力与焦虑。他们会用温柔的话语、关切的眼神，去贴近孩子的内心世界，理解孩子在学习过程中遇到的挫折以及对自身能力的怀疑。然后，凭借自己的共情力，站在孩子的角度，为孩子制订适合的学习计划，给予孩子足够的情感支持与鼓励，帮助孩子重新找回自信，克服学习中的困难，迈向更加光明的未来。

心理学小知识

你知道吗？高敏感者的大脑可比常人“繁忙”多了。研究发现，高敏感者的杏仁核与岛叶皮层等情绪相关脑区的功能连接可能更活跃，使他们对内外刺激的整合能力更强。这就像给大脑装上了超级“Wi-Fi”，能同时处理视觉、听觉、嗅觉的交叉信息，如同在大脑中运行全息投影系统。不过，这种“超能力”也有代价。高敏感者在嘈杂环境中容易分心，人多的场合可能感到疲惫。但只要善加引导，他们的这份敏感就能成为艺术创作的灵感源泉、人际交往中的共情桥梁，为生活增添别样色彩。

高敏感特质助力自我升级

在现代社会的快节奏生活中，我们常常会因为过度敏感而陷入内耗的旋涡。敏感本身并非坏事，它是一种天赋，让我们能够更细腻地感知世界。然而，当这种敏感过度时，它就会成为我们的负担，影响我们的生活质量和心理健康。

“向外张望的人在做梦，向内审视的人才清醒。”这句箴言如同一面明镜，映照出当代人内心的困局。在这个信息爆炸的时代，我们比任何时候都更需要与自己对话——当敏感成为双刃剑，既能捕捉月光的细腻，也会放大尘埃的重量，我们应当如何在敏锐感知与精神内耗间找到黄金平衡点？

1. 与自己和解，为心灵减负

承认敏感是天赋而非缺陷。敏感是一种与生俱来的特质，它让我们能够更敏锐地捕捉到生活中的细节和他人的情绪。许多伟大的艺术家、作家和音乐家都拥有高度的敏感性，正是这种敏感让他们能够创作出感人至深的作品。例如，凡·高的画作充满了对自然和人类情感的细腻描绘，他的敏感使他能够看到常人所忽视的美。因此，我们要学会接纳自己的敏感，把它看作一种优势，而不是缺点。

设置“感官屏障”，减少过度刺激。在信息爆炸的时代，我们每天都被大量的信息轰炸，这对于敏感的人来说更是难以承受。为了保护自己的心理能量，我们可以设置一些“感官屏障”。比如，在嘈杂的环境中可以佩戴降噪耳机，选择安静的工作和生活环境，避免过度的噪声干扰。

学会拒绝无关事务，聚焦核心目标。敏感的人往往容易被周围的事情分散注意力，从而陷入各种琐事中。因此，学会拒绝无关事务非常重要。例如，当我们正在专注于一个重要的工作项目时，可以礼貌地拒绝同事的一些非紧急请求。

2. 重塑思维，打破内耗循环

区分“事实”与“想象”，避免过度解读。我们常常会因为过度解读他人的行为而陷入内耗。比如，当朋友没有及时回复我们的消息时，我们可能会想象各种负面的情景，认为对方是不是生气了或者不再关心我们。然而，这些往往只是我们的主观臆测，而非事实。我们要学会区分事实和想象，以客观的态度看待他人的行为。

用“暂停—记录—复盘”法，理性应对内耗。当我们陷入内耗时，情绪往往会占据上风，让我们难以冷静思考。这时，我们可以采用“暂停—记录—复盘”法。首先，暂停当前的思考和情绪反应，给自己一些时间冷静下来。然后，把让我们感到内耗的担忧和想法记录下来，详细描述我们的感受和想法。最后，对这些记录进行复盘，分析它们的实际影响和合理性。

3. 让心灵变得坚韧，不被情绪左右

关注事件本身而非情绪。钝感力并不是让我们变得冷漠无情，而是让我们在面对事情时能够超越情绪的干扰，更理性地看待问题。例如，当领导批评我们时，不要只关注自己的情绪反应，如愤怒、委屈等，而是要关注事件本身，通过这种方式，我们可以将负面情绪转化为成长的动力。

培养积极的心态，增强心理韧性。积极的心态是培养钝感力的重要基础。我们要学会从挫折中看到机会，从失败中吸取教训。

敏感是一种宝贵的天赋，但我们不能让它成为内耗的根源。通过自我

接纳与能量管理、认知重构以及培养钝感力，我们可以在敏感与内耗之间找到平衡，让心灵轻盈前行。

心理学小知识

你知道吗？我们的大脑也需要定期“静音充电”。研究显示，高敏感人群每天进行短暂的“感官放松”（如15—30分钟），能有助于降低压力激素水平，缓解紧张状态。就像手机开启飞行模式，这段时间可以关闭消息通知、戴上降噪耳机，或者找个安静角落闭目养神。

这个简单的习惯其实是在训练大脑的“情绪调节肌肉”。当外界刺激被暂时屏蔽时，负责理性思考的前额叶皮层就能重新夺回主导权，避免杏仁核过度活跃。就像给手机定期清理缓存，15分钟的精神留白能让我们更清晰地听见内心的声音。

高敏感人群的自我调节

在人际交往的舞台上，许多人热衷于社交应酬，但也存在一类对外界刺激反应强烈的群体——高敏感人群。高敏感人群常被贴上“玻璃心”“想太多”的标签，却鲜有人真正理解其内心世界。

心理学家荣格曾说：“没有一种心理能量是完全积极的或完全消极的，一切都取决于运用的方式。”高敏感人群的特质亦是如此，他们对冲突的敏感度远高于常人，这可能成为他们人际关系中的绊脚石，若运用得当，也能成为促进关系和谐的润滑剂。那么，高敏感人群如何在冲突中找到自己的平衡，实现自我成长呢?

1. 冷静观察

高敏感人群在冲突中往往容易被情绪裹挟，这是由他们对外界刺激的高度敏感性决定的。然而，冷静观察是他们应对冲突的第一道防线。心理学研究表明，这种抽离视角更有助于他们发现冲突的根源，避免陷入主观情绪的旋涡。

2. 清晰表达化解矛盾

在冲突中，由于担心自己的表达会伤害到他人，高敏感人群往往会选择沉默或含糊其词。然而，这种做法往往会导致误解加深。清晰表达自己的感受和需求，是解决冲突的关键。心理学家托马斯·戈登提出的“我信息”沟通技巧，对高敏感人群尤为适用。例如，当一个高敏感的人因为朋友的爽约而感到失落时，他可以用“我信息”表达：“我感到有些失落，因为我们已经很久没见面了，我很期待这次相聚。”这样的表达方式既清晰地传达了自己的感受，又避免了对对方的指责。

3. 设立边界

在冲突中，高敏感人群常常因为过于在意他人的感受而忽视了自己的边界。然而，设立清晰的边界是保护自我、避免冲突进一步恶化的必要手段。心理学家亨利·克劳德在《界限》一书中指出，“健康的人际关系需要明确的边界来区分彼此的责任和需求。”例如，一个高敏感的室友在面对另一个室友频繁借用自己物品而不归还的情况时，他可以温和坚定地说：“我很乐意和你分享我的东西，但我也需要知道它们什么时候能被归还，因为这对我来说很重要。”这样的表达既尊重了对方，又明确了自己的底线。

高敏感人群在冲突中的表现，往往反映了他们对自我价值的认知。他们对外界评价的高度敏感，使得他们在冲突中容易产生自我怀疑。然而，每一次冲突也是一次自我成长的机会。通过冷静观察、清晰表达和设立边界，他们不仅能更好地处理人际关系，还能逐渐建立自信和自我认同。

心理学小知识

心理学中的“我信息”沟通法能有效降低对方的心理防御。例如，当感受到压力时，不说“你让我很生气”，而是“我感到很有压力，因为方案变动，我需要重新评估资源分配”。这种表达方式将焦点从指责转向自我感受，可以激活对方的镜像神经元，促进共情。多项心理学研究（如沟通心理学领域的相关实验）表明，“我信息”沟通法有助于降低防御心理，提升冲突解决效率。

高敏感人群的自我重塑

在快节奏的现代生活中，我们常常被各种信息、噪音和人际关系所包围，导致感官负担过重。

“高度的敏感性是一种天赋，它让我们以更细腻的方式感知世界。”高敏感领域的研究先驱伊莱恩·阿伦，用她的话语揭示了高敏感人群的独特之处。阿伦博士指出，高敏感人群拥有更加发达的神经系统，能够感知到更多、更细致的信息。

那么，作为高敏感人群，如何在纷繁复杂的世界中营造适合自己的生活呢？我们可以从环境设计、职业适配和社交模式三个方面入手。

1. 营造低刺激的生活空间

对于高敏感人群来说，舒适的生活环境是缓解压力、恢复能量的重要基石。选择低刺激的生活空间至关重要。这意味着我们要尽量避免过于刺眼的光线、嘈杂的声音和杂乱的视觉元素。

此外，每天安排一段独处的时间，哪怕只有 30 分钟，也能有机会静下心来，恢复能量。这段时间可以用来阅读、冥想、写日记或是进行简单的伸展运动，让自己完全放松下来，远离外界的喧嚣和干扰，享受这份宁静和自在。

2. 选择适合自己的工作

职业选择对于高敏感人群来说至关重要。一个合适的工作不仅能发挥我们的优势，还能减少不必要的压力和焦虑。我们应该优先选择灵活度高、人际关系简单的工作。这类工作通常允许我们有更多的自主权和控制权，可以根据自己的节奏和方式来完成任务，避免高压重复型的任务带来的疲惫感。

以自由撰稿人为例，他们可以根据自己的兴趣和专长选择写作主题，自由安排工作时间和地点，无须面对复杂的职场人际关系。这样的工作模式对于高敏感人群来说，无疑是一种理想的选择。

3. 建立“小而深”的社交圈

社交对于高敏感人群来说是一把双刃剑：一方面，我们需要与他人建立联系，满足归属感和情感支持的需求；另一方面，过多的社交活动又可能让我们感到疲惫不堪。因此，建立“小而深”的社交圈显得尤为重要。这意味着我们应该选择与那些理解并尊重我们敏感特质的人保持密切联系，而不是追求广泛的社交圈子。

当然，作为高敏感人群，我们也需要学会自我接纳和关爱自我。要认识到自己的敏感特质并不是一种缺陷，而是一种独特的天赋。我们应该珍惜这份敏感，用它来更好地感知世界、理解他人、创造美好。同时，也要学会给自己足够的空间和时间来处理情绪和压力，不要过于苛求自己。

心理学小知识

村上春树在《我的职业是小说家》中提及，自己拥有高敏感特质，这让他能够捕捉到生活中那些细微而常被忽视的瞬间。比如，窗帘摆动时空气的震颤，这种细微的变化在普通人眼中或许微不足道，但在村上春树笔下，却成了激发写作灵感的源泉。这种特质赋予他对世界更加细腻和深刻的感知能力，为他的文学作品增添了独特的魅力和深度。

世界的每个细节都在尖叫，而你的神经是裸露的琴弦。

当你开始用“观察者视角”记录，脆弱显露出它的另一副模样。

高敏感者的生存法则：先保护好神经末梢，才能让感知力自由舒展。

当你学会给感知力装上“滤镜”，噪声就变成了独特的和弦。

敏锐的感知力，让你成为他人情绪的“翻译官”。

你不再害怕成为“异类”，因为敏锐的感知力，本就是世界赠予你的特殊礼物。

第三章

讨好模式的改写密钥：从自动取悦到自我守护

讨好型人格的身体里，藏着无数个“被折叠”的瞬间：地铁上被挤到变形的背包，聊天框里反复删除的“我没空”，收到礼物时第一反应却是“我该立刻回礼”。这些无意识的讨好，始于童年某个“只有听话才会被爱”的瞬间，最终长成一层厚壳——里面包裹着永远不敢舒展的自我。

认识讨好型人格

心理学研究显示，每5个人中就有1人存在明显的讨好倾向。这些“情感劳模”并非天生喜欢取悦他人，而是大脑在长期训练中形成了一套扭曲的生存策略。

“讨好型人格”如同心理界的变色龙，根据环境的变化本能地调整自己的行为模式。美国心理学家哈丽特·布莱克在《取悦症》一书中深刻剖析了这一现象，指出讨好型人格的核心特征及其背后的心理机制。

1. 讨好型人格的核心特征

（1）情感天平的倾斜：他人的需求永远优先

讨好型人格者在面临选择时，其大脑前额叶皮层（决策中枢）与镜像神经元系统（共情区域）会异常活跃。这种生理反应使他们如同安装了“他人需求扫描仪”，总是将他人的需求置于首位。在聚餐时，他们总是最后点单，只选“随便”；明明只剩两个苹果，却全部分给同事；地铁上被踩脚，他们反而会先道歉。这种模式在脑神经层面形成恶性循环，每次妥协都会强化“满足他人＝安全”的神经回路，最终变成条件反射。

（2）回避冲突：安全优先的生存策略

研究发现，讨好型人格者在面对冲突时，身体的应激反应可能更强烈，肾上腺素等应激激素水平易升高。他们的大脑会将“拒绝”等同于“危险”，因此总是避免冲突，宁愿做鸵鸟也不愿成为战士。被借钱时，他们不是思考对方的偿还能力，而是担心对方失望；遭遇不公平对待时，他们的第一反应是自我检讨；即使是网购退货，他们也要反复措辞，生怕客服不高兴。

这种恐惧在生理层面留下印记，长期压抑情绪，可能引发肠易激综合征、偏头痛等身心疾病。

（3）价值感外置：活在别人的评分表上

发展心理学研究揭示，讨好者的自我认知系统如同“空心金字塔”，他们的自我价值完全依赖于外部评价。例如，28 岁的行政主管小雨，每天记录微信聊天中的“笑脸表情”数量，若少于前日就会焦虑。这种将自我价值“外包”的现象，源于大脑奖赏系统的错位——他人的认可会刺激多巴胺分泌，形成类似成瘾的依赖。

（4）情绪冷冻库：微笑面具下的火山

功能性磁共振成像（fMRI）显示，讨好者强颜欢笑时，负责情绪抑制的前额叶皮层可能更活跃，而参与情绪识别的岛叶功能可能受抑制。这就像在心理世界建造了“情绪冷库”，他们被调侃时跟着大笑，实则内心刺痛；明明委屈却说“我没事”；用胃痛代替愤怒，用头痛置换焦虑。长期压抑情绪会导致两个极端后果：要么如休眠火山突然爆发，要么彻底丧失情感感知能力。

2. 讨好型人格的类型

在人际交往的复杂网络中，总有一类人，他们习惯于将他人的需求置于首位，不惜牺牲自己的利益来取悦他人。这类人，我们通常称之为“取悦者”。然而，取悦者并非只有一种单一的类型，英国临床心理学家杰奎琳·鲍尔森指出，讨好型人格可分为三种类型：认知型、习惯型和情感逃避型。每种类型背后都隐藏着独特的心理机制，影响着个体的行为模式与心理状态。

以下 8 项行为中若超过 5 项行为频繁出现且影响生活，可考虑寻求专业支持：

◆拒绝别人后会产生生理不适（心慌、手抖）

◆常说不合心意的“好”，事后又后悔

◆对微信未回复信息产生焦虑

◆听到批评立即自我检讨

◆习惯用道歉开启对话

◆在关系中总是过度解释

◆无法接受他人为自己付出

◆独处时有强烈的空虚感

类型	核心特征	典型行为	神经 / 心理机制	长期影响
认知型取悦者	畸形认知公式：被所有人喜欢 = 绝对正确 = 生存保障	每 5 分钟查看朋友圈点赞数；家长群抢当家长代表；聚会主动端茶倒水	前额叶皮层持续监控社交反馈，形成他人认可 = 安全的神经回路	焦虑、抑郁，自我价值感崩塌，易陷入生存恐慌
习惯型取悦者	肌肉记忆般的付出模式	连续三年帮同事带咖啡；主动接手他人工作；过年承包所有亲戚年货	基底神经节（习惯中枢）对“付出行为”形成依赖路径，形成“情感自动驾驶”	身体透支，情感麻木，丧失自主决策能力
情感逃避型取悦者	用取悦行为逃避深层矛盾	用讨好堵住伴侣的嘴；用疯狂送礼转移职场矛盾；用“都是我的错”终止争吵	杏仁核将“冲突”等同于“危险”，启动防御性讨好机制，避免情绪暴露	关系空心化，情绪压抑，可能引发火山式爆发或情感解离

心理学小知识

研究发现，长期讨好行为可能影响前额叶皮层的功能调节，降低自主决策的灵活性。但神经可塑性研究带来希望：通过系统训练，大脑可在 3—6 个月内重建健康的行为模式。

讨好型人格的形成根源

心理学研究发现，全球有15%—20%的成年人表现出明显的讨好倾向。他们就像被安装了特定程序的机器人，把“让别人舒服”视为自己的最高行动准则。

心理学家卡伦·霍妮曾说过：“我们戴着面具表演得太久，最后连自己真实的脸孔都忘记了。”作为新弗洛伊德学派的代表人物，她指出，讨好行为本质上是一种由安全感缺失引发的病态适应行为。研究显示，讨好者在做出顺从决定时，前额叶皮层与杏仁核的神经互动模式可能与常人不同，反映出决策过程中的情绪与理性博弈。

1. 童年烙印：被标价的爱

北京师范大学的一项追踪研究揭示了一个事实：在“有条件接纳”环境中成长的孩子，参与价值判断的眶额皮层会出现功能模式的改变。当父母反复强调“考前三名才带你去迪士尼”“不乖的孩子没人爱”时，孩子的大脑里就会建立起一个扭曲的认知公式：自我价值等于他人满意度。

讨好型人格形成机制	具体描述
条件反射建立	父母的爱与关注成了“奖励”，需要用好行为来兑换
错误归因固化	孩子会把家庭矛盾归咎于自己，如认为父母吵架是因为自己成绩差
镜像神经元过度激活	孩子过度关注他人的情绪变化，形成了情绪“寄生”模式

2. 社会规训：隐形的“好人税”

斯坦福大学的行为经济学实验显示：当群体中出现讨好者时，其他人会无意识地增加索取行为。这就形成了诡异的“好人税”现象——越付出越被索取，就像陷入了流沙一样。

这种文化悖论在多个方面有所体现：一方面，“吃亏是福”的美德被扭曲成了剥削合理化的借口，形成了道德绑架的现象；另一方面，表达个人需求被污名化为自私，而说“没关系”则被视为修养的体现，导致了需求污名化的问题。此外，还存在一种反向激励机制，即越擅长压抑自我的人，越容易在短期内获得社交上的奖赏。

3. 心理防御：面对冲突委屈自己

讨好行为本质上是一种由恐惧驱动的“心理防毒面具”。讨好者害怕被否定、被抛弃或冲突升级。为了防御这些恐惧，他们提前道歉、过度解释、假性共情。

加州大学的“冲突模拟实验”揭示了讨好型人格在面对矛盾时的神经生物学机制：讨好型人格者在遭遇人际压力时，应激反应可能更强烈，表现为交感神经激活增强（如手掌皮肤导电性变化）、同时颧肌出现非自主性收缩（伪装性微笑的典型表现），出现不自觉的伪装性微笑等。这种生理反应链构建了一个自我强化的负循环：恐惧触发讨好行为—短期获得安全感—自我界限持续被侵蚀—深层失控感加剧。

长期处于这种状态的个体，往往会发展出三重心理危机：情绪躯体化（压抑的愤怒转化为胃痛、偏头痛等生理症状）、关系空心化（所有社交仅停留在功能性互助层面，缺乏真实情感联结）、自我认知崩解（长期角色扮演导致“真实自我”与“他人期待的自我”的界限模糊）。神经影像学研究提示，这种长期循环可能影响前扣带回皮层与默认模式网络的功能连接，进而削弱情绪整合与自我觉察能力。

心理学小知识

讨好型人格并不是终身的烙印，而是可以被重置的心理程序。正如人本主义心理学家罗杰斯所说：“真正的疗愈发生在允许自己完整存在的时刻。”或许下一个值得我们练习的句子不是“你需要什么”，而是“我需要什么”。这不仅是自我救赎的开始，更是我们送给世界的珍贵礼物——一个真实而有温度的人类样本。

讨好型人格的自我觉察

讨好型人格者常常因为过度关注他人需求而忽视自我价值，这种行为容易导致关系失衡和心理压力。他们往往习惯于迎合他人，害怕冲突和被否定，这种行为模式如同饮鸩止渴，逐渐侵蚀内心平衡。要改变这种状况，首先要进行自我觉察。通过记录日常生活中触发讨好行为的场景和情绪反应，逐渐理解哪些需求属于他人，哪些属于自己。其次，建立健康边界是走向平衡关系和心理舒适区的关键，从而实现自我与他人关系的平衡。

接纳不完美是自我觉察的重要部分。我们需要意识到，不可能所有人都会喜欢自己，我们要将自我价值从外部评价中剥离出来。可以尝试使用资格感清单，如“我有权拒绝不合理请求”，来重建内在信念。

1. 边界设定的实操策略

讨好型人格者需要明确自己的物理和情感边界。物理边界包括个人空间和时间管理，比如，每天保留 1 小时独处时间，用于自我反思和放松。情感边界则涉及对他人情绪和需求的合理回应。当他人提出不合理要求时，要敢于用“时间盒”法规划个人空间，并对越界行为及时反馈。例如，当同事在我们忙碌时要求帮忙做额外的工作，我们可以温和而坚定地说：“我理解你需要帮助的处境，但今天我的工作已排满，无法分身。”

2. 有效表达与维护边界

在沟通中，讨好型人格者可以采用 DESC 沟通模型，即描述事实、表达感受、明确需求和说明积极结果。例如，在面对会议时间临时提前的情况时，我们可以这样表达："当会议时间临时提前两个小时，我感到计划被打乱的惶恐。我希望下次调整能提前半天进行通知，这样我能更好地协调工作。"这种沟通方式既清晰地表达了个人需求，又考虑了对方的感受，有助于建立融洽的人际关系。

对于持续性越界者，建立"三次原则"是维护边界的有效方法。第一次越界时，温和提醒；第二次越界时，坚定重申边界；第三次越界，则采取实际行动，如暂停接触。

3. 调节拒绝后的焦虑与内疚

拒绝他人后，讨好型人格者往往会感到内疚和焦虑。为此，我们可以预设"内疚急救包"，当这种情绪出现时，通过生理干预（如深呼吸）和认知重构（如"我的需求同等重要"）来平复情绪。

建立一个支持系统，选择 3—5 位安全对象进行"拒绝预演"，获取反馈并修正表达方式。例如，与信任的朋友或家人模拟拒绝场景，他们可以给予我们客观的建议和鼓励，帮助我们更好地应对真实情景中的拒绝，减少因拒绝而产生的心理压力。

4. 从短期策略到长期维护

将社交投入与自我关怀的时间分配可视化，确保留给自己足够的恢复时间（如根据自身精力状态，每天安排 1—2 小时专属自我关怀时段）。可以使用 APP 记录时间分配，监控自己在不同活动上的精力投入。

每月评估人际关系，如哪些关系带来滋养，哪些关系造成消耗。对消耗型关系采用"逐渐撤出"策略，逐渐减少与这些关系的接触，将更多精力投入滋养型关系中。

心理学小知识

面对众多请求和需求，讨好型人格者要学会区分优先级。可以使用“四象限法则”，将需求分为紧急且重要、重要不紧急、紧急不重要、不紧急不重要四类。对于非核心请求，可以延迟回应或委婉拒绝。例如，当朋友要求你帮忙完成一项非紧急的任务时，你可以回答：“我需要时间考虑，明天答复你。”这样既给自己留出了思考空间，也避免了贸然答应可能带来的负担。

讨好型人格的自我重塑

你是否也曾经历过这样的时刻：明明已经疲惫不堪，却难以拒绝同事的加班请求；或者在朋友面前，总是小心翼翼地迎合他们的喜好，生怕一不小心就破坏了关系？如果这些情况频繁出现，可能就需要反思自己是否陷入了讨好型人格的模式。

“人生而自由，却无往不在枷锁之中。”卢梭的这句名言，深刻地揭示了人类在社会生活中常常面临的一种困境。生活中，我们每个人都在努力扮演着各种角色，渴望获得他人的认可与接纳。然而，有些人却在这个过程中迷失了自我，陷入了讨好型人格的泥沼。其实我们可以试着摆脱讨好型人格，做一次自己生活的主人。

1. 优先关注自身需求

每天花上十分钟，静下心来记录自己的真实感受和需求，这是一个简单却极具力量的开始。我们可以这样写：“当同事让我一起加班时，我感到疲惫但不敢拒绝，因为我害怕他们觉得我没有团队合作意识。”通过这样的文字记录，情绪被具象化，不再模糊不清。渐渐地，我们会清晰地分辨出哪些是他人强加给自己的期待，哪些才是自己真正的需求，这就像在混沌的迷雾中点亮一盏灯，照亮内心深处被忽视的角落。

同时，我们可以设立“自我优先”小目标。从每周选择两天，完全以自己为中心，这并不是一种自私的表现，而是一种自我关爱的练习。这种渐进式的小目标练习，如同在心中种下一颗颗种子，逐渐打破“必须讨好才能被接纳”的惯性思维，让自我价值在点滴积累中生根发芽。

2. 重构拒绝逻辑

阿德勒的“课题分离”理论就像一把锋利的剑，能斩断我们对他人情绪的过度牵挂。这一理论强调，每个人都有自己的课题，即自己的责任和任务。我们要明白，拒绝的权利牢牢掌握在自己手中，而对方的情绪反应则是他们自己的课题，与我们无关。

拒绝的能力就像肌肉，需要通过锻炼来增强。从低风险场景开始，比如，对陌生的推销员说“不”，感受那种拒绝后的轻松与自在；然后逐步过渡到熟人，每次成功拒绝后，记录下自己的感受，强化“拒绝不会导致关系破裂”的认知。

3. 重塑自我认同

我们可以梳理自己的“能力清单”，列出至少10项个人优势，如细心、共情力强，这些都是宝贵的品质。每天复述这些优势，就像对着镜子给自己加油打气，用以对抗那些潜藏在心底的自我否定。讨好型人格的人往往习惯性地忽视自身价值，而这份清单就是我们重新认识自己的起点，会让我们明白，自己本身就是独一无二的存在，有着诸多闪光点。

4. 切断“过度负责”模式

我们需要学会区分“同理心”与“过度共情”。当他人生气时，先冷静地自问：“这是他的情绪还是我的错误导致的？”通过理性归因，避免自动背负起不属于自己的责任。我们可以默念：“我有权表达观点，他的反应与我无关。”这就像在自己和他人之间筑起一道无形的界限，既保持对他人的尊重和理解，又守护好自己的情绪领地，不让别人的情绪轻易侵占。

5. 系统性支持与长期巩固

建立“支持型人际关系”。主动靠近那些能包容我们真实自我的人，他们是我们在这段成长旅程中的同行者和助力者。减少与那些需要讨好才能维系的人接触，因为那只会拖累我们的脚步。加入兴趣社群，在共同爱好中培养平等交流模式，这里没有高低之分，只有彼此尊重和欣赏，能让我们在轻松愉快的氛围中感受人际关系的真谛。

心理学小知识

在改变的初期，我们可能会出现“表达后内疚”的情况，这是突破舒适区的正常反应。不要因此而气馁，我们可以通过运动、艺术创作等替代行为来缓解焦虑，就像给心灵找一个出口，让情绪得以释放。另外，如果原生家庭对我们有持续的压力，我们可以练习非对抗性沟通：“我理解您希望我顺从的意愿，但我需要尝试自己的方式。”用温和而坚定的态度，逐步建立成年子女的独立性，让家庭成为支持我们成长的港湾，而不是束缚我们的枷锁。

讨好型人格的自我实现

在现代社会，讨好自己并非一种自私的行为，而是一种积极向上的生活态度。只有当我们学会讨好自己时，才能以更强大的内在力量去面对生活的挑战，甚至改变周围的世界。

“当你足够强大的时候，全世界都会为你让路。”这句话揭示了一个深刻的真理：真正的改变源于自身。有个长相普通的女孩很自卑，一天早上，她开心地买下一支漂亮的发卡，并戴着去了学校。奇妙的是，平常不太理她的同学主动和她交流，男孩子也约她出去玩，她变得开朗活泼。女孩以为是发卡的作用，谁知自己头上根本没有发卡。女孩的改变是源于内心的变化，发卡只是一个契机而已。当我们通过学习、锻炼等方式提升自我时，自信也会逐渐增强。这种自信不仅可以在周围人中获得认可，更能收获生活中各个方面的积极反馈。这种力量并非来自外界的赞美，而是对自我价值的肯定。

这种内在力量的核心在于“生产快乐的能力”。当我们学会从内心寻找快乐，而不是依赖外界的认可时，我们就能真正掌握生活的主动权。那么，如何做才是真正“讨好自己”呢？

1. 奖励机制：给自己前行的动力

将物质或精神奖励与目标达成挂钩，是一种有效的自我激励方式。例如，当我们坚持运动一个月后，可以奖励自己一件心仪已久的物品。这种方式不仅能够增强我们的成就感，还能让我们在追求目标的过程中感受到更多的乐趣。

奖励机制的关键在于及时性和适度性。及时的奖励能够让我们在完成目标后迅速感受到成功的喜悦，而适度的奖励则能避免过度消费或过度满足，保持奖励的新鲜感和吸引力。通过这种方式，我们能够逐步建立起积极的行为模式，让讨好自己成为一种习惯。

2. 规划人生：让生活有方向、有目标

制定清晰的计划，是实现自我负责生活的基础。通过设定短期和长期目标，我们可以更好地掌控自己的生活方向。例如，我们可以制订每月的学习计划、每年的旅行计划等，逐步实现自己的梦想。

规划人生不仅能够明确目标，还能让我们在实现目标的过程中感受到成长的喜悦。每当我们完成一个目标，都会发现自己的生活变得更加充实和有意义。这种成就感会激励我们不断前进，让讨好自己成为一种持续的动力。

3. 建立安全感：倾听内心，设立界限

摆脱对他人眼光的过度在意，是建立安全感的关键。当我们学会尊重自己的感受，而不是一味地迎合他人时，我们会发现自己变得更加自信和独立。

当然，建立安全感需要时间和练习。我们可以从一些小事开始，比如在面对不合理的要求时勇敢地说“不”。通过逐步设立界限，我们会发现自己的内心变得更加坚定，而外界的评价也不再那么重要。这种安全感会成为我们讨好自己的坚实后盾。

4. 健康优先：自我实现的基础

保持健康的饮食、运动等习惯，是讨好自己的基础。没有健康的身体，任何目标和梦想都难以实现。例如，每天坚持锻炼 30 分钟，不仅能够提

升身体素质，还能让我们在精神上更加愉悦。健康优先并不意味着过度节制或苛求自己。适度的饮食和适量的运动，能够让我们在保持健康的同时，享受生活的乐趣。通过这种方式，我们能够为自己的内在力量提供源源不断的能量。

改变的关键在于认识到自己的价值。我们需要对自己负责，当我们学会挺直脊梁，坚定地表达自己的需求和观点时，就会发现，那些真正尊重我们的人会更加珍惜我们的存在。

5. 珍藏瞬间：用仪式感点亮生活

在忙碌的生活里，我们常因行色匆匆，错过许多美好。而创造仪式感，珍藏美好瞬间，能让我们真切地感知到生活的意义，实现对自我的深度关怀。清晨，为自己精心准备一份早餐，在餐桌上铺漂亮的桌布，让一天从充满仪式感的氛围中开启。在特殊的日子，给自己买一束鲜花，将房间布置得温馨浪漫，用照片或视频记录下这一时刻。这些看似微小的仪式，不仅为生活注入乐趣，更让我们在珍视自我的过程中，收获满满的幸福感。

心理学小知识

在心理学的视角下，自我价值的定义权应牢牢掌握在自己手中，而非仰赖他人的评判。我们每个人都是自己人生的主导者，具备定义自我价值的绝对权力，不必受外界评价的左右。内在认可恰似夜来香，即使黑夜中无人欣赏，也要固执地绽放芬芳。因为，我们有权利“活成自己喜欢的模样”。

“好的”“没关系”“我可以”，是你最熟练的生存密码。

你的存在，是他人期待的回声。

当你开始听见自己的声音，讨好的齿轮第一次卡住了。

第一个"不"，比想象中轻很多。

真正的价值，从不依赖他人的点赞存活。

讨好的惯性还会回来，但你学会了温柔地说："这次，先听我说。"

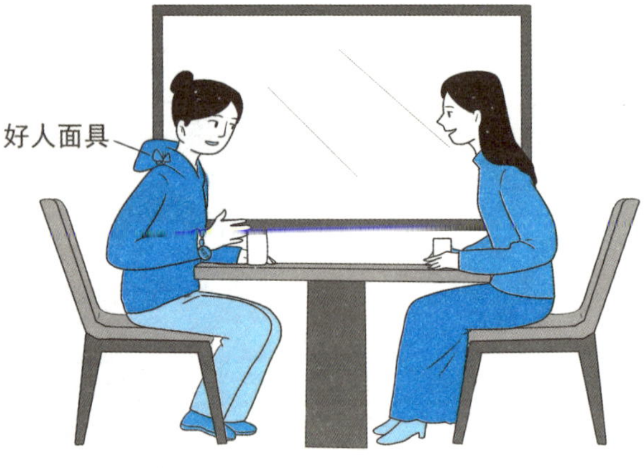

第四章

焦虑型依恋的成长新生：从情感不安到安全联结

焦虑型依恋源于童年时照顾者的不稳定回应，这使得人形成对被抛弃的深度恐惧，较低的自我价值感，以及在关系中表现出黏着行为。想要摆脱这种不安状态，我们需要打破童年形成的“过度寻求关注”模式，从情感不安的状态走向安全型依恋——在保持自我完整的基础上，建立起平衡依赖与空间、通过健康互赖实现情感满足的亲密关系。

焦虑型依恋的核心特征

在现实生活中，有这样一种类型，他们在情感关系中常常陷入困境。他们被称作焦虑型依恋者，其情感世界呈现复杂而矛盾的特征。

1. 安全感缺失的“情感监控者”

缺乏安全感与过度依赖是其最为突出的表现。在亲密关系中，他们对伴侣的陪伴有着近乎渴求的依赖，仿佛伴侣的时刻相伴才是他们内心安宁的唯一来源。这种依赖常常表现为要求伴侣秒回信息、随时报备行踪等行为。他们害怕被忽视、害怕孤独，因此试图通过这种方式来确保自己在伴侣心中的位置。然而，这种过度的依赖往往会给伴侣带来巨大的压力，甚至引发伴侣的逆反心理，使双方关系陷入紧张状态。

2. 情绪过山车的“矛盾行为体”

情绪波动与矛盾行为也是焦虑型依恋者情感世界的重要特征。他们的情绪如同波涛汹涌的大海，极易受到外界因素的影响。伴侣的一句无心之言、一个微小的举动，都可能被他们过度解读，进而引发情绪的剧烈波动。他们可能会因为伴侣未及时回复消息而陷入深深的沮丧和焦虑，甚至愤怒。在情绪的驱使下，他们还可能出现“威胁式”的行为，如“拉黑”、冷战等，以此来表达内心的不安和不满。更令人困惑的是，他们还常常表现出“黏人”与“回避”交替的矛盾行为模式。一方面，他们渴望与伴侣亲密无间，害怕分离；另一方面，又因为害怕受到伤害而选择封闭内心，与伴侣保持一定距离。这种矛盾的行为模式使得他们在关系中不断挣扎，难以找到真正的平衡，进而形成恶性循环，让双方关系陷入困境。

3. 自我价值的“外部评估者”

自我价值感低更是他们内心深处的隐痛。他们常常怀疑自己的价值，觉得自己不够好、不值得被爱。在这种低自我价值感的驱使下，他们试图通过迎合他人、满足他人的需求来获得认可和爱。他们会在关系中过度付出，不惜牺牲自己的利益和需求，只为了维持这段关系。然而，这种以牺牲自我为代价的方式，往往并不能换来真正的幸福和满足，反而让他们在关系中更加迷失自我，陷入更深的焦虑和痛苦之中。

4. 过度依赖与情感需求外倾

高度依赖伴侣的情感确认是焦虑型依恋者的显著特征之一。他们通过频繁联系、质问等方式寻求存在感，并需要以伴侣长时间的陪伴来缓解内心的不安。在这种过度依赖心理的驱使下，他们往往会将亲密关系视为生活的全部重心，甚至忽略自我发展。这种对伴侣的过度依赖使他们在关系中失去了自我，将情感的满足完全寄托在对方身上，一旦失去伴侣的支持，他们就会陷入深深的痛苦和迷茫之中。

5. 控制欲与过度解读倾向

为了增强对关系的掌控感，焦虑型依恋者常常表现出较强的控制欲。他们可能会通过监控伴侣的社交活动、限制伴侣的自由等方式来满足自己的不安。同时，他们对伴侣的行为过度敏感，容易将中性举动解读为“不爱”的证据。这种过度解读和控制的倾向，不仅给伴侣带来压力，也加剧了自身的情感焦虑，使关系陷入紧张和不信任的恶性循环。

心理学小知识

有研究发现，当焦虑型依恋者感知到伴侣疏离时，其大脑会出现双重神经异常。情绪调节相关脑区的功能暂时减弱，导致个体丧失“理性刹车”能力，陷入持续性情绪困扰；同时，杏仁核活跃度激增，它将普通疏离信号误判为“生存威胁”，从而引发心悸、出汗等躯体化反应。

感情中缺乏安全感的原因

在生活中，我们或许都遇见过这样一类人：他们在亲密关系里极度渴望对方的时刻陪伴，频繁地确认对方是否爱自己，一旦对方稍有疏忽，他们就会陷入深深的焦虑与不安之中。这类人很可能是焦虑型依恋者。

焦虑型依恋者的形成并非单一因素所致，而是早期童年经历、成长创伤以及社会文化环境等多种因素相互交织、共同作用的结果。

1. 童年经历的深刻烙印

在焦虑型依恋者的形成中，不稳定的养育环境是关键因素。若父母经常因工作忙碌、情绪不稳定等原因，时而对孩子关怀备至，时而又忽略孩子的需求，孩子就难以建立起稳定的安全感。

与忽视相反，过度保护与控制的养育方式同样可能催生焦虑型依恋者。有些父母出于对孩子的爱，过度干涉孩子的生活，从日常穿着到交友选择，事无巨细地把控。这使得他们缺乏自信和自主性。当要自主应对人际关系时，他们会感到无所适从，会因害怕犯错导致关系破裂，进而在亲密关系中过度依赖对方，时刻担心失去对方的支持与保护，表现出强烈的焦虑情绪。

2. 成长过程中的创伤性事件

成长过程中，来自同伴、老师或其他重要之人的情感忽视与拒绝，会给孩子带来极大的心理创伤。如被其他同学故意排挤。这种长期被忽视、拒绝的经历，会让孩子对自己产生负面认知，认为自己不值得被爱和关注。带着这样的认知进入成年后的亲密关系，他们会不断寻求对方的肯定，担心再次遭受被忽视、被抛弃的命运，表现出焦虑型依恋的行为模式。

亲人离世或家庭重大变故，如父母离异等，也会对孩子的心理产生深远影响。这些事件打破了孩子原本熟悉的生活秩序，使其安全感瞬间崩塌。孩子可能会在潜意识里认为，生活中重要的人随时可能离开，这种不确定性会延续到日后的人际关系中。

3. 社会环境的潜在塑造

所处社会的主流观念对个体的依恋模式有着潜移默化的影响。在一些强调爱情中伴侣要时刻紧密相连、相互依赖的文化环境里，人们会不自觉地将这种观念内化。

社交媒体的兴起，进一步加剧了人们在亲密关系中的焦虑感。在社交媒体上，人们往往展示自己生活中最美好的一面，情侣们也热衷于晒出甜蜜瞬间。这使得一些人在拿现实生活中的亲密关系与之对比时，内心会产生落差感。他们会担心自己的感情不够完美，担心伴侣不够爱自己，进而不断向伴侣寻求关注和确认，表现出焦虑型依恋的行为。同时，社交媒体的即时通信功能，让人们期待对方能随时回复自己的消息，一旦对方回复不及时，就容易引发焦虑和不安。

心理学小知识

在依恋理论中，焦虑型依恋者在亲密关系中常表现出过度依赖、情绪波动大等特点，他们极度渴望亲密关系，但又害怕被抛弃，常常通过频繁索要关注等方式来缓解内心的不安。部分焦虑型依恋者可能表现出焦虑与回避的混合特征（即恐惧—回避型）。这种类型的人在行为模式上表现出无规律性，有时会过度依赖伴侣，有时又会突然想要保持距离，让伴侣难以捉摸。

焦虑型依恋者的行为模式

焦虑型依恋如同亲密关系中的一颗“隐形炸弹”，虽然在关系建立的初期阶段，其潜在的破坏力可能并不容易被察觉，甚至可能被伴侣的温柔与包容所掩盖。然而，随着时间的推移，如同炸弹内部的引线逐渐燃烧殆尽，其负面影响便开始逐一显现。

纪伯伦在《先知》中写道：“爱不占有，也不被占有，因为爱在爱中满足。”这句话道破了亲密关系中最隐秘的悖论——当爱沦为控制的借口，当依恋异化为吞噬自由的旋涡，关系便走向了它的反面。

1. 伴侣的“情感窒息”

焦虑型依恋者在亲密关系中常常表现出对伴侣过度的关注和依赖。他们频繁地向伴侣索求关注，这种行为模式源于他们内心深处的不安全感和对被抛弃的恐惧。他们只有通过不断地确认伴侣的关心和爱，才能缓解内心的焦虑和不安。

然而，这种频繁的索求关注的行为往往会给伴侣带来极大压力。伴侣可能会感到自己的个人空间被严重侵犯，自由受到限制，进而产生窒息感。

2. 自我的“能量消耗”

焦虑型依恋者在关系中往往将过多精力放在伴侣身上，过度关注伴侣的需求和感受，而忽视自己的需求。他们害怕失去伴侣的爱，因此努力地去迎合伴侣，试图通过满足伴侣的一切要求来维系关系。

这种过度的付出和自我忽视会导致他们自身的资源和精力被不断消

耗。他们没有足够的时间和精力去关注自己的内心世界，无法满足自己的情感和心理需求。随着时间的推移，他们会感到越来越疲惫和空虚。同时，由于他们将自己的价值和幸福完全寄托在伴侣身上，一旦伴侣给予的关注不够或者关系出现小问题，他们的焦虑情绪就会急剧上升，形成一种恶性循环。这种自我消耗不仅让他们在关系中迷失了自我，也使他们的情感世界变得更加脆弱和不稳定。

3. 关系的“信任侵蚀”

焦虑型依恋者在关系中容易产生猜疑和控制的极端行为。由于他们恐惧被抛弃，所以会过度解读伴侣的言行，将一些中性的行为误解为伴侣不爱自己或者想要离开自己的信号。这种猜疑会促使他们采取控制行为，如查看伴侣的手机、限制伴侣与异性的交往、质问伴侣的行踪等。这些极端行为严重破坏了亲密关系中的信任基础。伴侣会因为自己的隐私被侵犯、自由被限制而感到愤怒和受伤，双方之间的矛盾和冲突不断升级。

心理学小知识

研究显示，焦虑型依恋者在亲密关系中面临的挑战相对更多，分手风险高于安全型依恋者，他们的大脑如同被设置了“分离焦虑触发器”，这其实是童年时期“不一致回应”（父母对孩子有时关注，有时冷漠）在成年后的亲密关系中的重现。不过，神经可塑性的研究为其带来了希望：2025年《自然·人类行为》杂志的一项研究发现，经过8周的“正念—依恋联合训练”，我们可以使大脑中的杏仁核活跃度降低40%，使前额叶对情绪的调控能力提升27%。

在亲密关系里，你害怕平静，更害怕风暴真的到来。

早期的“爱之锚”从未真正固定，导致你在亲密关系里永远在寻找“救命浮板”。

你用“索爱”制造风暴，却在风暴中弄丢了真正的爱。

当你学会把“情绪海啸”转化成“事实拼图”，风暴便开始平息。

真正的安全感，不是24小时信号满格，而是知道“风暴来临时，我们会一起修补灯塔”。

你不再试图消灭焦虑，而是学会了和它一起锚定在“此刻的真实”里。

第五章

精神自由的重构之路：从外界枷锁到内在宇宙

在人生的旅途中，我们时常感到被无形的枷锁束缚，这些枷锁或是源自外界的目光、原生家庭的阴影，或是由于内心的自我怀疑、抑郁情绪的困扰。然而，真正的自由并非逃离这些束缚，而是要勇敢地面对它们，通过自我觉察与成长，打破“被凝视”的枷锁，构建自足的精神宇宙。

去他者化：构建自足的精神宇宙

心理学中的“焦点效应”揭示了“被凝视”的认知偏差：人们会高估自己的外表和行为在他人眼中的显著性。那些“同事的异样眼光”“路人的窃笑”，往往是自我怀疑投射出的虚像。

诗人鲁米曾说：“你生而有翼，为何匍匐前行？”重塑自信的过程，其实是一场“去他者化”的觉醒。当我们不再把别人的目光当作镜子，而是用自我觉察的光照亮内心，我们就会发现：那些所谓的“嫌弃目光”，不过是自己投射的影子。

1. 从“条件自爱”到“存在自爱”的蜕变

精神分析家海因茨·科胡特的“自体心理学”给了我们解决问题的方法。他认为，健康的自恋（自爱）应该建立在“存在性肯定”上——“我值得被爱，因为我存在”，而不是“我只有完美才值得被爱”。就像婴儿不需要表现好才能得到母亲的拥抱，成年人的自爱也应该是无条件的。这种“存在自爱”的缺失，往往是因为小时候受到的“有条件关注”。晓婷在回忆自己的童年时说：“小时候考98分，妈妈会问‘那两分为什么丢’；生日许愿想要裙子，她却说‘先考进年级前十’。”这种“只有优秀才值得被爱”的模式，让她成年后总在镜子前挑剔自己的皱纹，潜意识里觉得“不完美就不配被爱”。重建自爱的过程，就像是给内心的小孩重新照镜子。每天记录三件“无须理由的美好”：比如，晨光中晾衣绳的晃动、咖啡杯沿的唇印、地铁里陌生人让座的微笑。这些“存在的证据”提醒我们：价值不取决于别人的打分，而在于我们作为“人”的本质。

2. 内在建设的实操路径

注意力转移术：建立“心流锚点”。当焦虑来了，马上用“5—4—3—2—1”感官复位法：说出5种看到的颜色、4种触摸的质地、3种听到的声音、2种闻到的气味、1种尝到的味道。这种训练能把我们的注意力从“别人的眼光”拉回到“当下的体验”。

价值重估练习：构建“因果链日志”。每天晚上记录三件“被认可的小事”，并标注原因。比如：“同事感谢我分享的资料——因为我的主动帮助，而不是妆容精致”。坚持21天，我们会发现：多数正向反馈来自“行为价值”，而不是“外表价值”。这正契合积极心理学中“通过行动创造价值缓解焦虑”的原理——专注于创造价值，焦虑自然就消散了。

自爱仪式：打造“精神安全岛”。每周留两个小时给“无用的美好”：在公园长椅上看蚂蚁搬家，用蜡笔随意涂鸦，跟着老唱片哼跑调的歌。这些不追求完美的时刻，是对“条件自爱”的温柔反抗。就像《心灵奇旅》里的22号灵魂，在比萨香味、棒棒糖甜味、看落叶的瞬间，找到了存在的火花。

认知升级：理解“被讨厌的勇气”。阿德勒心理学提醒我们：人际关系的烦恼来自“课题混淆”。别人的评价是他们的课题，我们的课题是“如何诚实地对待自己”。日本作家岸见一郎曾说：“当你不再需要通过‘完美外表’获得安全感，就会发现那些因外表‘嫌弃’你的人，根本进不了你的人生课题列表。”这意味着，我们不应被他人的看法过度左右，而应坚定地锚定自身的价值与追求。当我们真正领悟并践行这一认知，便能挣脱外界评判的束缚，以更从容、自信的姿态前行，专注于自我成长与内心和谐，从而开启内在能量的自我生成之旅。

心理学小知识

心理学中的“条件性自我价值感”揭示：当我们把“我好不好”等同于“别人怎么说”，就像把船锚拴在别人的嘴上。这种混淆常源于童年的“有条件认可”，让我们误以为“价值需要兑换”。但人本主义心理学家罗杰斯发现：真正的自我价值，是“我存在即值得被爱”，而非“我满足期待才被爱”。试试做“价值清单”练习：左边写“别人夸我的”（如会打扮），右边写“我喜欢自己的”（如会安慰朋友）。我们会发现：前者像天气忽晴忽雨，后者才是植物扎根的土壤。就像种子不需要掌声就会发芽，我们的价值，本就与生俱来。

心态换挡：从被动承受者到人生舵手

你是否见过沙漠里的两种植物？一种趴在地上抱怨烈日，根须越缩越浅；另一种挺直枝干，把每粒沙子都当成生长的垫脚石。这正是弱势价值观与强势价值观的对照——前者在“为什么是我”的叹息中枯萎，后者在“怎么办”的追问里扎根。

“虽然世界多苦难，但是苦难总是能被战胜的。”海伦·凯勒失明失聪后写下这句话。哈佛研究发现：面对挫折时说“我需要调整方法”的人，与说“我没天赋”的人相比，解决问题的速度明显更快——语言的选择，实则是思维的分水岭。

1. 区分“弱势”与“强势”价值观

弱势价值观常常表现为遇事时的抱怨与退缩。当困难降临时，持有这种价值观的人往往会深陷于“为什么是我”的消极情绪中。他们习惯于依赖外界的同情与帮助，期待他人伸出援手来解决问题，却忽略了自身的力量。这种价值观的束缚在于，它让人沉溺于负面情绪的旋涡，消耗了本可用于解决问题的能量。

与弱势价值观形成鲜明对比的是强势价值观。它体现为在面对问题时的果断与积极。当困境来临时，秉持强势价值观的人会聚焦于“怎么办”，以冷静的头脑和坚定的信念直面挑战。

2. 从“我做不到”到“我可以尝试”

转变从语言开始。当面对困难时，我们可以用“我可以尝试”替代“我做不到”。这不仅是一句简单的口号，更是一种积极的心理暗示。它能帮助我们打破心理障碍，逐步建立起自信。

这种积极暗示的力量在于，它能激发我们的内在潜能。

3. 培养成长型思维

成长型思维是强势价值观的核心。它相信我们的能力是可以通过努力不断提升的。每一次失败都不是终点，而是一个学习和成长的过程。

比如，当我们的工作汇报被领导指出存在数据不准确的问题时，不要抱怨领导的苛刻，而要思考如何提高数据的准确性，通过学习数据分析的方法和工具，提升自己的专业能力，为下一次汇报做好更充分的准备。

心理学小知识

“为什么这种事总发生在我身上？”——当你习惯性抱怨时，大脑正在悄悄激活“弱势模式”。哈佛大学的一项实验发现：长期使用“受害者语言”的人，解决问题的效率会显著降低，因为他们把绝大多数能量耗在“为什么”，而非“怎么办”。

这源于心理学中的“习得性无助”——就像被电击且无法逃脱的狗，在反复经历“努力无效”后不再尝试逃跑，当我们反复用“我做不到”否定自己，大脑会误以为“困境=无解”。但转机藏在语言里：把“领导批评我”换成“他指出了3个具体改进点”，把“我学不会”改成“这个步骤需要再练5遍”——斯坦福大学德韦克教授的“成长型思维”实验证明，这种“问题归因”的转换，能大幅提升抗压能力。

跨越创伤：从和解到新生

原生家庭就像一个模具，塑造着我们的性格、价值观和行为模式。父母的过度控制、情感忽视、言语暴力等，都可能在我们的心灵深处留下难以磨灭的伤痕。正视这些问题，是我们走向治愈的开端。

《百年孤独》中有一段名言："父母是我们和死亡之间的屏障。"这句话深刻地揭示了原生家庭对个体存在的深刻影响。在成长的旅程中，我们每个人都会受到原生家庭的塑造和影响。要想真正突破这些影响，我们需要勇敢地面对自己的内心，探索那些未被满足的需求和未被解决的冲突。

1. 如何与父母和解

在我们的成长过程中，父母的影响无处不在。他们的言谈举止、教育方式，如同深深扎根在我们心底的种子，塑造着我们的性格和价值观。然而，原生家庭带来的伤痛，常常让我们与父母之间产生隔阂，这种隔阂不仅影响着我们与父母的关系，也阻碍着我们走向独立。

与父母和解，是我们摆脱原生家庭束缚，走向独立的重要一步。它并不意味着要忘记过去的伤痛，而是要学会理解父母的局限性，接纳他们的不完美。每个人都有自己的成长背景和人生经历，父母也不例外。

换位思考是和解的第一步。26 岁的小敏一直想要摆脱父母的控制，却发现自己和父母的关系越来越差。后来，当她尝试站在父母的角度去思考时，她发现父母对她的过度控制，其实源于他们对未来的担忧和对她的期望。他们希望小敏能够走一条安稳的道路，却忽略了小敏内心的真实想法。理解到这一点后，小敏对父母的怨恨逐渐减少，她开始尝试与父母进行沟通，表达自己的需求和想法。

真诚的沟通是和解的关键。找一个合适的时间和地点与父母坐下来，心平气和地分享自己的成长经历、内心感受以及对未来的规划。在沟通的过程中，要注意倾听父母的意见和想法，尊重他们的观点，不要急于反驳。通过沟通，我们可以增进与父母之间的了解，化解矛盾和误解。

2. 把“缺爱”翻译成“我在学习爱自己”

原生家庭带来的情感创伤，就像在我们内心深处挖了一个“黑洞”，这个“黑洞”不断吞噬着我们的自信和快乐，让我们感到内心空虚、匮乏。

治愈内心的“黑洞”，填补爱的缺失，是我们重建自我的关键。我们可以通过培养兴趣爱好来丰富自己的生活，让内心得到充实。

积极的自我暗示也是治愈内心创伤的有效方法。每天对着镜子告诉自己：“我是值得被爱的，我有自己的价值和优点。”当我们遇到困难或挫折时，不要轻易否定自己，而是要鼓励自己：“我可以的，我有能力克服困难。”通过不断进行自我暗示，我们可以逐渐改变自己的思维模式，增强自信心，让内心变得更加坚强。

建立良好的人际关系，也是填补内心缺失的重要途径。与朋友、同事、邻居等建立真诚、信任的关系，在彼此的关心和支持中，我们可以感受到温暖和爱。

3. 打破命运轮回，愈合代际创伤

原生家庭的创伤如果得不到解决，很可能会形成代际创伤，在家族中不断延续。代际创伤就像一个无形的链条，将上一代的痛苦传递给下一代，让家族中的成员陷入恶性循环。

打破代际创伤的循环，是我们走向新生的重要使命。建立健康的边界是打破代际创伤的关键。在与家人相处时，我们要明确自己的原则和底线，

不要让他人随意侵犯自己的权利和感受。当父母试图过度干涉我们的生活时，我们要勇敢地说“不”，用温和而坚定的方式表达自己的想法和需求。比如，我们可以说：“我知道你们是为我好，但这件事情我想自己做决定，我希望你们能够尊重我的选择。”

提升自我认知，也是打破代际创伤的重要途径。通过学习心理学知识、寻求心理咨询等方式，我们可以深入了解自己的行为模式和思维方式，发现那些受到原生家庭影响的部分，并努力改变它们。当我们发现自己在处理问题时总是容易焦虑时，我们就可以思考这种焦虑是否与原生家庭的经历有关，然后尝试寻找更合适的应对方式。

4. 从“索爱”到“共生”的蜕变

爱商，是指一个人在爱情、亲情、友情等亲密关系中处理关系的能力，它包括理解他人的情感需求、正确表达自己的爱意、处理矛盾和冲突等方面。自爱力，则是指一个人关爱自己、尊重自己、认可自己的能力，它是我们内心力量的源泉。

提升爱商，需要我们学会理解他人的情感需求。每个人表达爱的方式

爱的五种语言

和对爱的需求都不同，我们不能以自己的标准去衡量他人。通过学习“爱的五种语言”，我们可以了解到，爱的表达方式有言语的肯定、服务的行动、接受礼物、精心的时刻和身体的接触。我们要观察身边的人，了解他们更倾向于哪种爱的语言，然后用他们能接受的方式去表达爱。

自爱力的提升同样重要。我们要学会关爱自己的身体和心灵，满足自己的基本需求。关注自己的内心感受，当我们感到疲惫、焦虑或不开心时，要停下来，给自己一些时间和空间去调整。我们可以通过冥想、瑜伽、听音乐等方式来放松身心，缓解压力。

提升自爱力，还需要我们学会尊重自己的感受和需求。在与他人相处时，不要为了迎合他人而委屈自己。当我们的需求与他人发生冲突时，要学会说“不”，坚守自己的原则和底线。不要过分在意他人的评价和看法，而要相信自己的价值和能力。每个人都是独一无二的，既有闪光点也有不足，我们要接纳自己的全部，包括优点和缺点。

心理学小知识

神经科学证实，持续进行“自我关怀”会对大脑产生积极影响。当我们学会以友善和理解的态度对待自己时，大脑中负责处理恐惧和焦虑的杏仁核活跃度会逐渐降低，而前额叶皮层则会逐渐建立起一种“我安全”的神经回路。这种变化意味着我们能够更好地调节自己的情绪，减少不必要的焦虑和恐惧，增强心理韧性。这正是从内心深处照亮黑暗、走向自我和解的科学密码。通过日常的自我关怀练习，如正念冥想、积极的自我对话等，我们可以逐步改变大脑的神经连接方式，让自己在面对生活的挑战时更加从容和自信，从而提升整体的心理健康水平和生活质量。

回归真我：点亮抗抑郁的精神灯塔

抑郁症并非单纯的心理问题，它以多样而隐蔽的形式存在于我们的生活中。从藏在笑容背后的“微笑型抑郁症”，到产后被忽视的心理困境；从需要远离的有害人际关系，到通过整理空间实现心灵疗愈，再到真我与假我之间的失衡与回归，抑郁症的每一个方面都值得我们深入探讨和理解。

人类的心灵有双重性：它可以在抑郁的阴影中挣扎，也可以在希望的阳光下重生。

1. 藏在笑容里的“微笑型抑郁症”

在生活中，我们常会遇到一些看似乐观爱笑的人，却常常深陷抑郁。你或许疑惑：“她那么爱笑，为什么还会得抑郁症？”其实，答案隐藏在不易察觉的角落。部分乐观者因职业要求、形象维护或责任感，选择用笑容掩盖真实的自己。这些“微笑型抑郁症”患者在职场和社交中表现积极，独处时却陷入情绪低谷。这种长期的情绪压抑，如同一个密闭的压力容器，负面情绪的不断累积，最终会导致情绪的爆发。

从更深层次来看，部分乐观者内心存在着“必须积极”的认知偏差，他们拒绝接纳负面情绪，因为这只会加剧内心的冲突，让心理负担越发沉重。

在探索抑郁症的奥秘时，我们发现生物学机制的不可控性。抑郁症并不仅仅是心理困境，它深深扎根于身体最微观的运作中。神经递质（如血清素、多巴胺）的持续失衡可能与抑郁症的病理状态相关。同时，研究表明约 30% 的抑郁症风险与遗传相关。即便性格乐观，大脑化学物质失衡仍可能引发抑郁。

2. 被忽视的产后心理困境

产后抑郁症的发病率虽在不同研究中差异显著，但普遍较高。数据显示，中国有 63% 的女性在产后曾受到抑郁困扰，其中 20% 在孕期就开始患病。然而，约 40% 的患者家属对产后抑郁持漠视态度，家庭的关注焦点往往转移到新生儿身上，产妇的需求被边缘化，这种忽视使得产妇在面对抑郁时更加孤立无援。

从家庭层面防治产后抑郁症的问题，家人应该主动去学习产后心理相关的知识，了解产妇可能会遭遇的心理变化，这样才能及时察觉产妇异常并给予恰当的支持。同时，要努力营造一个包容、理解的家庭环境，让产妇感受到被关爱和被接纳，避免因家庭矛盾或缺乏理解而加重心理负担。

3. 远离三种人来守护心灵的防线

情感消耗型人群。这类人群如同无形的情感黑洞，不断索取情绪价值，却很少给予支持与回馈。抑郁症患者本就因过度压抑而自我消耗，若陷入这种单向付出的关系，无异于雪上加霜，使本就贫乏的能量场进一步枯竭。患者要学会设立情感边界，勇敢地表达自己的感受与边界。

否定或压抑患者情绪的人。那些对患者“矫情”“想太多”的指责，宛如一把把利刃，轻易地就能刺伤患者敏感的内心。研究表明，抑郁症患者的攻击性转向内部时，外界的否定只会强化其自我贬低的倾向，甚至诱发更严重的自责。合理释放攻击性是疗愈的关键，而否定环境则会阻碍这一过程。因此，患者应尽量远离这种否定的声音，保护自己内心那微弱却又珍贵的自我接纳之火。

无法提供安全边界的人。包括过度干涉隐私、反复贬低我们的亲友。即使是最亲近的人，若无法给予尊重与理解，患者也需勇敢地切断与他们的联系。心理治疗理论强调，安全的人际环境是释放攻击性、减少自我否定的前提。有人通过“远离母亲三年”实现自我修复，这需要巨大的勇气，但却可能是走向康复的道路。

4. 扔掉“有毒关系”，找回温暖的人

舍弃有害关系是抑郁症治疗的核心原则之一。患者可以从“减少倾诉频率”开始，而非突然断绝联系，以降低心理冲击。这就像慢慢拔出一根根刺入内心的荆棘，让伤口有时间去愈合。在疏远消耗型关系的同时，患者应主动建立新的人际联结。

亲近滋养型人际关系首先要允许情绪表达，营造安全环境。能接纳患者愤怒、悲伤等“负面情绪”的关系最具疗愈力。同时，提供适度引导的支持者也非常重要。理想的支持者不应当过度保护或强迫改变，而应提供适度引导，帮助患者破除自我攻击思维。

5. 整理空间，疗愈心灵

抑郁者的心境与周遭的脏乱环境之间存在着一种相互强化的关系。抑郁者梦中或潜意识里常出现灰暗、脏乱的房子，而他们的住所也往往杂乱无序。反过来，杂乱的环境又会加剧抑郁，强化抑郁者的自责与自卑。

生活中，我们常通过获取和占有来实现安全感和满足感，但实际上，生活中充满了不必要的物品，我们应果断舍弃多余之物。整理环境，实则整理内心。我们应让家回归本真，成为心灵的慰藉。处理无用之物，舍弃物品执着，享受宽敞舒适、自由自在的空间。

6. 真我与抑郁：迷失与回归的内心旅程

在心理学领域中，真我与假我的平衡被视为心理健康的基石，而二者的失衡则与抑郁紧密相连。

温尼科特的“真我与假我”理论认为，长期压抑真实自我、过度依赖假我适应外界，可能增加抑郁的风险，个体为适应外界压力，过度依赖假我，

压抑甚至丧失真我，最终在假我无法维系时陷入抑郁。这种状态下，个体内心充满空虚、疏离感，因为假我无法满足内心深处真实的渴望与需求。

原生家庭与社会压力环境是影响压制真我的重要因素。在不和谐的家庭氛围中，父母情绪不稳定、家庭关系紧张等，会迫使孩子压抑真实感受，以换取家庭的“和平”或父母的认可。如家庭中存在过度控制、批评指责或高期望等情况，孩子的真实表达可能被忽视或否定，只能发展出假我来适应家庭环境。这种压抑真我的过程，使个体在成长中逐渐失去对自我的清晰认知，增加抑郁的风险。同时，社会压力下过度的“自我重建”也可能导致真我扭曲。在现代社会的快节奏与高竞争中，人们为了符合社会标准、获得成功与认可，不断调整自己的形象与行为，如果这种“自我重建”过度，就会使个体远离真实的内心，陷入虚假的自我认同中，最终可能引发抑郁。

此外，精神虐待与虚拟网络社交可能增加自我迷失的风险。长期遭受精神虐待，如身边人的贬低、嘲笑、冷漠等，会扭曲个体的自我认知，使其认为自己是不值得被爱、没有价值的，从而无法活出真我。而在网络时代，“数字身份”的争夺也加剧了青少年的抑郁风险。他们在虚拟世界中构建理想化的数字身份，以获取关注与认可，但这种身份往往与真实的自我相去甚远，长期处于这种状态会导致“真我蒸发”，使他们在现实生活中感到迷茫与空虚，进而陷入抑郁。

因此，疗愈抑郁的关键在于回归真我。通过提升个体的感知能力，让其重新连接内心深处的宁静，感知到真实的自我需求与情感，从而摆脱病态的理想化自我。

那些年，我用自我否定砌成了最坚固的牢房。

某个瞬间，你忽然看见囚禁自己的钥匙，其实一直握在手中。

当你开始怀疑“为什么必须如此”，牢房就出现了裂缝。

自由的第一步，从来都伴随着疼痛。

当旧枷锁化作新羽翼，你终于看懂：困住你的从来不是外界，而是内心的囚徒思维。

真正的精神自由，是学会与过去的枷锁和解，让它们成为翅膀的一部分。